線対称 ①

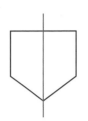

1 次の□にあてはまることばを書きましょう。（75点）1つ25

❶ 右の図のように，1本の直線を折り目にして折ったとき，両側の部分がぴったり重なる図形を [　　　　　] な図形といいます。

ぴったり重なるから
両側の図形は合同だね。

❷ ❶の直線を [　　　　　] といいます。

❸ ❶の直線を折り目にして折ったとき，重なり合う点，辺，角を [　　　　　] 点，[　　　　　] 辺，[　　　　　] 角といいます。

2 次の図形の中から線対称な図形をすべ　えましょう。（25点）

あ　い　う　え

[　　　　　　　　　　　　　]

答えは85ページ ☞

線対称 ②

月　　日

得点

点／合格 80点

1 右の図は，線対称な図形です。

（60点）1つ20

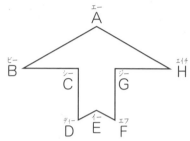

❶ 点Cに対応する点を答えましょう。

[　　　　　　　]

❷ 辺BCに対応する辺を答えましょう。

[　　　　　　　]

❸ 上の図に対称の軸をかき入れましょう。

2 右の図は，線対称な図形です。

（40点）1つ10

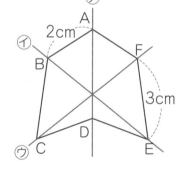

❶ 対称の軸は直線⑦，④，⑦のどれですか。

[　　　　　　　]

❷ 辺BCは何cmですか。

[　　　　　　　]

❸ 辺CDと長さの等しい辺を答えましょう。

[　　　　　　　]

❹ 直線BFと対称の軸は，どのように交わっていますか。

[　　　　　　　]

2

答えは85ページ ☞

線対称 ③

1 右の図は，線対称な図形です。

（60点）1つ20

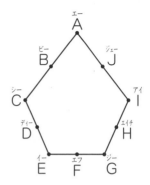

① 点A～点Jのうち，どの点とどの点を結んだ直線が対称の軸になりますか。

[　　　　　　　　　]

② 点Dに対応する点はどれですか。

[　　　　　　　　　]

③ 点Aと点E，点Aと点Gをそれぞれ結んだとき，三角形AEGはどんな三角形になりますか。

[　　　　　　　　　]

2 2つの円が交わる図形は，線対称な図形になります。
①②の図形に，対称の軸をすべてかき入れましょう。

（40点）1つ20

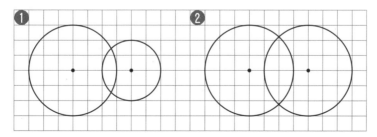

答えは85ページ ☞

線対称 ④

1 次の直線アイがそれぞれ対称の軸となるように，線対称な図形をかきましょう。(100点) 1つ25

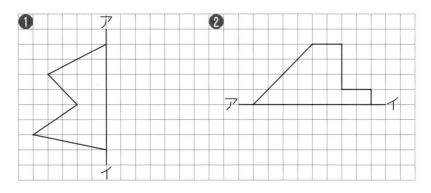

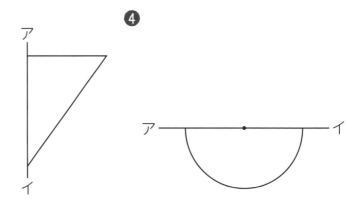

1 次の□にあてはまることばを書きま
しょう。（75点）1つ25

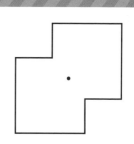

❶ 右の図のように，1つの点のまわり
に180°回転させたとき，もとの図
形にぴったり重なる図形を

[　　　　　　　　　]な図形といいます。

❷ ❶の点を [　　　　　　　　　] といいます。

❸ ❶の点のまわりに180°回転したとき，重なり合う点，辺，
角を [　　　　　　　] 点，[　　　　　　　] 辺，

[　　　　　　　] 角といいます。

2 次の図形の中から点対称な図形をすべて選び，記号で答
えましょう。（25点）

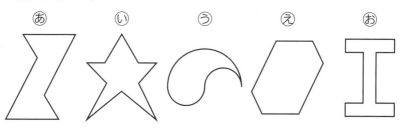

　　あ　　　　　い　　　　　う　　　　　え　　　　　お

[　　　　　　　　　　　　　　　　　　　　]

点対称 ②

月　日

得点

点／合格
80点

1 右の図は，点対称な図形です。(60点) 1つ20

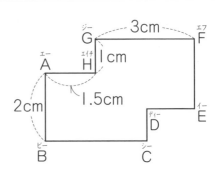

❶ 点Aに対応する点を答えましょう。

[　　　　　　　]

❷ 辺CDの長さは何cmですか。

[　　　　　　　]

対応する2つの点を結ぶ直線
は対称の中心を通るから…

❸ 上の図に対称の中心をかき入れましょう。

2 右の図は，点対称な図形です。(40点) 1つ10

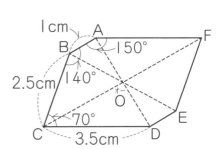

❶ 辺EFの長さは何cmですか。

[　　　　　　　]

❷ 角Eの大きさは何度ですか。

[　　　　　　　]

❸ AO＝1.7cm，BO＝2cm，CO＝3cmのとき，

㋐ EOの長さは何cmですか。

[　　　　　　　]

㋑ CFの長さは何cmですか。

[　　　　　　　]

答えは85ページ ☞

点対称 ③

1 右の図の平行四辺形は点対称な図形です。（50点）1つ25

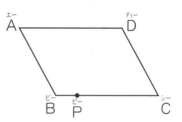

① 右の図に対称の中心Oをかき入れましょう。

② 右の図の点Pに対応する点Qをかき入れましょう。

2 右の図は，1辺が8cmの正三角形を2つ合わせて，点Oが対称の中心になるようにして点対称な図形にしたものです。（50点）1つ25

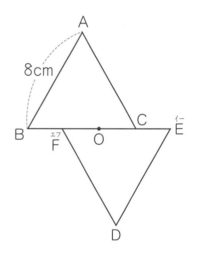

① BF の長さが3cmのとき，OF の長さは何cmですか。

[　　　　　]

② OF の長さが1.5cmのとき，この図形のまわりの長さは何cmですか。

[　　　　　]

答えは85ページ

点対称 ④

1 次の点O（オー）が対称の中心になるように，点対称な図形をかきましょう。（100点）1つ25

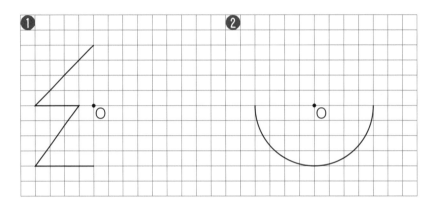

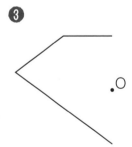

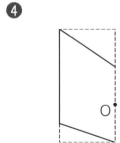

答えは86ページ ☞

多角形と対称 ①

1 正五角形と正八角形について，次の表をうめましょう。

(100点) 1つ10

	正五角形	正八角形
❶ 線対称な図形ですか。	はい・いいえ	はい・いいえ
❷ 対称の軸は何本ありますか。		
❸ 対称の軸をすべてかき入れましょう。		
❹ 対応する2つの点を結ぶ直線は，対称の軸とどのように交わりますか。		
❺ 点対称な図形ですか。	はい・いいえ	はい・いいえ

答えは86ページ ☞

多角形と対称 ②

1 次のあ～おの図形について，記号で答えましょう。

（40点）1つ20

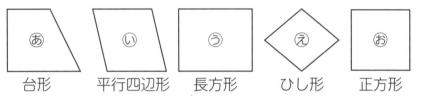

あ 台形　　い 平行四辺形　　う 長方形　　え ひし形　　お 正方形

❶ 点対称な図形はどれですか。

[　　　　　　　　　]

❷ 線対称でもあり，点対称でもある図形はどれですか。

[　　　　　　　　　]

2 右の正六角形について答えましょう。（60点）1つ20

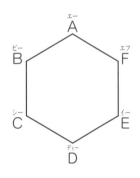

❶ 対称の軸は何本ありますか。

[　　　　　　]

❷ 直線 BE を対称の軸とみたとき，辺 AF に対応する辺はどれですか。

[　　　　　　]

❸ 点対称な図形とみたとき，角 F に対応する角はどれですか。

[　　　　　　]

答えは86ページ ☞

文字と式 ①

1 次の場面を式に表しましょう。（40点）1つ10

❶ 1さつ120円のノートを x さつ買ったときの代金

[　　　　　　　　　　　]

❷ 1辺の長さが x cm の正方形のまわりの長さ

[　　　　　　　　　　　]

❸ x 円のおみやげを買って 1000 円出したときのおつり

[　　　　　　　　　　　]

❹ 底辺が 5 cm で，高さが x cm の平行四辺形の面積

[　　　　　　　　　　　]

2 横の長さが縦の長さより 3 cm 長い長方形があります。
（60点）1つ20

❶ 縦の長さが x cm のときの横の長さを求める式を書きましょう。

[　　　　　　　　　　　]

❷ 縦の長さが 4 cm のときの横の長さを求めましょう。

[　　　　　　　　　　　]

❸ 縦の長さが 15 cm のときの横の長さを求めましょう。

[　　　　　　　　　　　]

答えは86ページ ☞

文字と式 ②

1 次の場面で, x と y の関係を式に表しましょう。

（80点）1つ20

❶ 1本90円のえん筆を x 本買ったときの代金は y 円です。

[　　　　　　　　　　　]

❷ 直径が x cm の円の円周の長さは y cm です。

[　　　　　　　　　　　]

❸ 1個 x g のりんご12個を600 g の箱に入れたときの
全体の重さは y g です。

[　　　　　　　　　　　]

❹ 1個 x 円のケーキを5個買うと30円安くなり, 代金
は y 円になります。

[　　　　　　　　　　　]

2 上底が3 cm, 高さが5 cm で, 面積が y cm^2 の台形に
ついて, 次のような式をつくりました。この式で, x は
何を表していますか。（20点）

$$(3+x)×5÷2=y$$

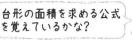

台形の面積を求める公式
を覚えているかな？

[　　　　　　　　　　　]

答えは86ページ ☞

文字と式 ③

1 １個１80円のケーキを x 個と１50円のシュークリームを１個買ったときの代金は y 円です。（60点）1つ20

❶ x と y の関係を式に表しましょう。

[　　　　　　　　]

❷ x の値が５のとき，対応する y の値を求めましょう。

[　　　　　　　　]

❸ y の値が870になるときの， x の値を求めましょう。

[　　　　　　　　]

2 底辺が８cm の三角形があります。（40点）1つ20

❶ 高さが x cm のときの面積を y cm^2 として， x と y の関係を式に表しましょう。

[　　　　　　　　]

❷ 面積が24 cm^2 になるのは，高さを何 cm にしたときですか。

[　　　　　　　　]

1 右の式に表される場面は，次の
㋐〜㋒のどれですか。記号で答え
ましょう。(20点)

$$55-4\times x=y$$

㋐ 55 個のあめを 4 個ずつ x 人で分けたとき，残っ
たあめの数が y 個

㋑ 毎日 4 ページずつ x 日間読んだとき，まだ 55 ペー
ジ残っている本の総ページ数 y ページ

㋒ 55 m^2 の花だんと，縦 4 m，横 x m の長方形の形
をした花だんの面積を合わせると y m^2 になる

㋓ 1 人に 4 個ずつ x 人におはじきを配ると 55 個あま
るとき，はじめにあったおはじきの数 y 個

[　　　　　]

2 次の x の値を求めましょう。(80点) 1つ20

❶ $x+9=15$

❷ $x-8=13$

[　　　　　]　　　　　[　　　　　]

❸ $x\times1.5=6$

❹ $x\div12=3$

[　　　　　]　　　　　[　　　　　]

分数のかけ算 ①

1 次の □ にあてはまる数を書きましょう。（10点）

$$\frac{2}{7} \times 3 = \frac{2 \times \boxed{}}{7} = \boxed{}$$

2 次の計算をしましょう。（80点）1つ20

❶ $\frac{1}{6} \times 5$

❷ $\frac{2}{9} \times 2$

❸ $\frac{3}{4} \times 3$

❹ $\frac{5}{7} \times 4$

3 1 dL でかべを $\frac{2}{5}$ m² ぬれるペンキがあります。このペンキ 3 dL では，かべを何 m² ぬれますか。（10点）

[　　　　　]

答えは86ページ ☞

分数のかけ算 ②

1 次の計算をしましょう。（90点）1つ15

❶ $\dfrac{1}{8} \times 2$

❷ $\dfrac{3}{14} \times 7$

❸ $\dfrac{5}{6} \times 4$

❹ $\dfrac{4}{7} \times 28$

❺ $1\dfrac{1}{9} \times 6$

❻ $2\dfrac{1}{4} \times 6$

2 ジュースが $\dfrac{5}{8}$ L 入ったびんが 10 本あります。ジュースは全部で何 L ありますか。（10点）

[　　　　　　　　]

答えは87ページ

分数のかけ算 ③

1 次の計算をしましょう。（90点）1つ15

❶ $\dfrac{1}{2} \times \dfrac{1}{5}$

❷ $\dfrac{1}{9} \times \dfrac{2}{3}$

❸ $\dfrac{8}{7} \times \dfrac{2}{3}$

❹ $3 \times \dfrac{1}{4}$

❺ $2 \times \dfrac{3}{7}$

❻ $6 \times \dfrac{4}{5}$

2 1mの重さが $\dfrac{2}{3}$ kg のはり金があります。このはり金 $\dfrac{4}{5}$ m の重さは何kgですか。（10点）

[　　　　　]

答えは87ページ

分数のかけ算 ④

1 次の計算をしましょう。（90点）1つ15

❶ $\dfrac{3}{4} \times \dfrac{2}{5}$

❷ $\dfrac{5}{3} \times \dfrac{7}{10}$

❸ $\dfrac{3}{4} \times \dfrac{2}{3}$

❹ $\dfrac{5}{4} \times 8$

❺ $1\dfrac{3}{7} \times \dfrac{1}{2}$

❻ $1\dfrac{3}{5} \times 1\dfrac{1}{4}$

2 縦(たて)の長さが $2\dfrac{4}{5}$ m，横の長さが $3\dfrac{1}{2}$ m の長方形の形を
した花だんの面積は何 m² ですか。（10点）

[　　　　　　　]

答えは87ページ ☞

分数のかけ算 ⑤

1 次のかけ算で, 積が $\dfrac{4}{5}$ より小さくなるものはどれですか。すべて選び, 記号で答えましょう。（20点）

㋐ $\dfrac{4}{5} \times \dfrac{4}{3}$ 　　㋑ $\dfrac{4}{5} \times \dfrac{3}{4}$ 　　㋒ $\dfrac{4}{5} \times \dfrac{4}{5}$ 　　㋓ $\dfrac{4}{5} \times \dfrac{5}{4}$

[　　　　　　　　　　　]

2 次の計算をしましょう。（60点）1つ20

❶ $\dfrac{2}{3} \times \dfrac{2}{3} \times \dfrac{2}{3}$ 　　　　　　❷ $\dfrac{5}{4} \times 18 \times \dfrac{7}{9}$

❸ $1\dfrac{1}{5} \times 1\dfrac{1}{3} \times \dfrac{1}{2}$

約分はとちゅうでしておこう。

3 右の直方体の体積を求めましょう。（20点）

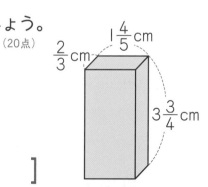

$\dfrac{2}{3}$ cm　　$1\dfrac{4}{5}$ cm　　$3\dfrac{3}{4}$ cm

[　　　　　　　]

答えは87ページ ☞

分数のかけ算 ⑥

1 計算のきまりを使い，くふうして計算をしましょう。

（60点）1つ20

❶ $\left(\dfrac{4}{5} \times \dfrac{7}{9} \right) \times \dfrac{9}{7}$

❷ $\left(\dfrac{5}{6} + \dfrac{2}{9} \right) \times 18$

❸ $\dfrac{2}{3} \times 2\dfrac{2}{5} + \dfrac{2}{3} \times \dfrac{3}{5}$

2 次の数の逆数を求めましょう。（30点）1つ10

❶ $\dfrac{6}{7}$　　　　❷ 2　　　　❸ 1.1

[　　　　　]　[　　　　　]　[　　　　　]

3 $2\dfrac{2}{5}$ 時間は何分ですか。（10点）

[　　　　　]

答えは87ページ ☞

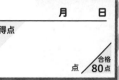

月　　日
得点

点／合格 80点

---

1 次の□にあてはまる数を書きましょう。（10点）

$$\frac{4}{5} \div 3 = \frac{\boxed{}}{5 \times \boxed{}} = \boxed{}$$

2 次の計算をしましょう。（80点）1つ20

❶ $\dfrac{1}{3} \div 2$　　　　　　❷ $\dfrac{3}{4} \div 2$

❸ $\dfrac{2}{7} \div 3$　　　　　　❹ $\dfrac{3}{8} \div 4$

3 同じ重さのかんづめ 3 個の重さをはかったら，$\dfrac{8}{9}$ kg でした。このかんづめ 1 個の重さは何 kg ですか。（10点）

[　　　　　　]

分数のわり算 ②

1 次の計算をしましょう。（90点）1つ15

① $\dfrac{2}{3} \div 2$

② $\dfrac{3}{4} \div 9$

③ $\dfrac{6}{7} \div 2$

④ $\dfrac{8}{9} \div 4$

⑤ $1\dfrac{1}{5} \div 4$

⑥ $2\dfrac{6}{7} \div 8$

2 まわりの長さが $\dfrac{9}{10}$ m の正三角形があります。この正三角形の１辺の長さは何 m ですか。（10点）

[　　　　　]

分数のわり算 ③

1 次の□にあてはまる数を書きましょう。（10点）

$$\frac{2}{5} \div \frac{3}{4} = \frac{2}{5} \times \frac{\boxed{}}{\boxed{}} = \frac{2 \times \boxed{}}{5 \times \boxed{}} = \boxed{}$$

2 次の計算をしましょう。（80点）1つ20

❶ $\frac{1}{4} \div \frac{2}{3}$

❷ $\frac{3}{4} \div \frac{4}{5}$

❸ $\frac{2}{3} \div \frac{3}{5}$

❹ $\frac{2}{7} \div \frac{1}{5}$

3 $\frac{3}{5}$ dL のペンキで，かべを $\frac{2}{7}$ m² ぬれました。このペンキ 1 dL では，かべを何 m² ぬれますか。（10点）

[　　　　　　]

答えは88ページ ☞

分数のわり算 ④

1 次の計算をしましょう。(90点) 1つ15

❶ $\dfrac{8}{15} \div \dfrac{4}{5}$

❷ $\dfrac{5}{6} \div \dfrac{2}{3}$

❸ $\dfrac{7}{12} \div \dfrac{14}{15}$

❹ $\dfrac{5}{6} \div \dfrac{5}{8}$

❺ $4 \div \dfrac{4}{3}$

❻ $6 \div \dfrac{3}{7}$

2 $\dfrac{7}{5}$ m のねだんが 280 円のリボンがあります。このリボン 1 m のねだんはいくらですか。(10点)

[　　　　　]

分数のわり算 ⑤

1 次の計算をしましょう。(60点) 1つ15

❶ $\dfrac{3}{4} \div 1\dfrac{3}{4}$

❷ $3\dfrac{1}{3} \div \dfrac{4}{9}$

❸ $1\dfrac{3}{8} \div 2\dfrac{1}{4}$

❹ $5\dfrac{1}{4} \div 5\dfrac{5}{6}$

2 $3\dfrac{1}{5}$ m で $2\dfrac{2}{9}$ kg の鉄の棒があります。(40点) 1つ20

❶ この鉄の棒 1 m の重さは何 kg ですか。

[　　　　　　]

❷ この鉄の棒 1 kg の長さは何 m ですか。

[　　　　　　]

答えは88ページ

分数のわり算 ⑥

1 次のわり算で，商がわられる数の $\dfrac{3}{4}$ より大きくなるものはどれですか。記号で答えましょう。(20点)

㋐ $\dfrac{3}{4} \div 1\dfrac{1}{4}$　　㋑ $\dfrac{3}{4} \div \dfrac{4}{3}$　　㋒ $\dfrac{3}{4} \div \dfrac{3}{4}$　　㋓ $\dfrac{3}{4} \div 1$

[　　　　　]

2 次の計算をしましょう。(80点) 1つ20

わる数を逆数にして
かけ算の式になおそう。

❶ $\dfrac{3}{4} \div \dfrac{3}{5} \div \dfrac{5}{8}$

❷ $\dfrac{2}{3} \div 6 \div \dfrac{4}{7}$

❸ $\dfrac{1}{3} \div \dfrac{1}{3} \div \dfrac{1}{3} \div \dfrac{1}{3}$

❹ $3\dfrac{1}{3} \div 1\dfrac{1}{9} \div 2\dfrac{4}{5}$

答えは88ページ ☞

分数のかけ算とわり算 ①

1 次の計算をしましょう。（100点）1つ20

❶ $\dfrac{1}{2} \div \dfrac{8}{9} \times \dfrac{3}{4}$

❷ $\dfrac{2}{9} \times 1\dfrac{3}{4} \div 4\dfrac{2}{3}$

❸ $\dfrac{5}{7} \div \dfrac{1}{6} \times 1\dfrac{5}{9}$

❹ $20 \times 2\dfrac{2}{5} \div \dfrac{3}{4}$

❺ $1\dfrac{1}{5} \times 1\dfrac{7}{8} \div 4\dfrac{1}{2}$

答えは88ページ

分数のかけ算とわり算 ②

1 右の三角形の面積を求めましょう。（40点）

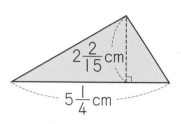

$2\frac{2}{15}$ cm

$5\frac{1}{4}$ cm

[　　　　　　　]

2 縦 $\frac{4}{5}$ m, 横 $3\frac{1}{3}$ m の長方形があります。この長方形と面積が等しい平行四辺形をつくります。平行四辺形の底辺を $2\frac{2}{5}$ m にするとき, 高さは何 m になりますか。（30点）

[　　　　　　　]

3 ある数を $2\frac{1}{2}$ でわり, さらに $1\frac{1}{3}$ でわると $\frac{1}{5}$ になります。ある数を求めましょう。（30点）

[　　　　　　　]

答えは88ページ ☞

分数の計算 ①

1 次の計算をしましょう。（100点）1つ20

❶ $\dfrac{1}{2} - \dfrac{4}{9} \times \dfrac{3}{8}$

❷ $\dfrac{7}{10} \div 3\dfrac{1}{2} + \dfrac{2}{3}$

❸ $2\dfrac{2}{3} - 2\dfrac{2}{3} \div 1\dfrac{1}{5}$

❹ $\dfrac{2}{9} \div \dfrac{2}{5} + \dfrac{2}{3} \times \dfrac{1}{6}$

❺ $\dfrac{5}{6} \times 1\dfrac{1}{5} - 2\dfrac{1}{3} \times \dfrac{3}{7}$

答えは89ページ ☞

分数の計算 ②

1 次の計算をしましょう。（100点）1つ20

❶ $\left(\dfrac{1}{2}+\dfrac{5}{6}\right)\times 1\dfrac{1}{8}$

❷ $\left(\dfrac{3}{4}+\dfrac{1}{6}\right)\div\left(1+\dfrac{7}{15}\right)$

❸ $2\dfrac{1}{10}\div\left(\dfrac{3}{4}-\dfrac{2}{5}\right)$

❹ $18\times\left(\dfrac{11}{9}+\dfrac{5}{6}\right)$

❺ $\left(\dfrac{4}{5}-\dfrac{2}{3}\right)\div\dfrac{1}{15}$

答えは89ページ ☞

分数，小数，整数の混じった計算 ①

1 次の□にあてはまる数を書きましょう。（20点）1つ10

❶ $0.7 \times \dfrac{3}{8} = \dfrac{7}{\boxed{}} \times \dfrac{3}{8}$

❷ $2\dfrac{1}{10} \div 0.35 = \dfrac{21}{10} \div \dfrac{\boxed{}}{100} = \dfrac{21}{10} \times \dfrac{100}{\boxed{}}$

2 小数を分数になおして計算し，分数で答えましょう。

（60点）1つ15

❶ $0.9 \times \dfrac{1}{3}$

❷ $\dfrac{7}{50} \div 0.63$

❸ $0.4 \div 2\dfrac{2}{3}$

❹ $0.75 \times 1\dfrac{7}{9}$

3 時速 3.3 km で $\dfrac{2}{3}$ 時間歩くと，進む道のりは何 km になりますか。（20点）

[　　　　　]

答えは89ページ ☞

分数，小数，整数の 混じった計算 ②

1 整数や小数を分数になおして計算し，分数で答えましょう。（80点）1つ20

❶ $24 \div 25 \times 5 \div 12$

❷ $2.6 \times 1.25 \div 1.3 \div 0.4$

❸ $1 - 0.5 \times \dfrac{2}{7}$

❹ $4 \times 2\dfrac{1}{4} \div 1.25$

2 1日に 4.8 秒ずつおくれる時計があります。この時計は 30 日間で何分おくれますか。（20点）

[　　　　　　　　　　]

答えは89ページ ☞

分数の倍と かけ算・わり算 ①

1 次の問いに答えましょう。(80点) 1つ20

❶ $\frac{3}{4}$ kg は $2\frac{2}{5}$ kg の何倍ですか。

[　　　　　]

❷ $3\frac{3}{4}$ L は $3\frac{3}{8}$ L の何倍ですか。

[　　　　　]

❸ 5 ha の $\frac{3}{10}$ 倍の面積は何 ha ですか。

[　　　　　]

❹ $\frac{2}{3}$ m の $2\frac{1}{3}$ 倍の長さは何 m ですか。

[　　　　　]

2 家から学校までの道のりは $\frac{2}{3}$ km で，家から駅までの道のりは $1\frac{1}{6}$ km です。家から学校までの道のりをもとにすると，家から駅までの道のりは何倍になりますか。

(20点)

[　　　　　]

1 なし1個のねだんは150円で，これはりんご1個の
ねだんの $\frac{5}{6}$ 倍です。りんご1個のねだんは何円ですか。

（25点）

[　　　　　　　]

2 父の年令は42才で，母の年令の $1\frac{1}{6}$ 倍です。母の年
令は何才ですか。（25点）

[　　　　　　　]

3 赤のリボンは18mで，青のリボンはその $\frac{2}{9}$ だけ長い
そうです。青のリボンは何mですか。（25点）

[　　　　　　　]

4 ある学年64人のうち $\frac{1}{2}$ の人が1組です。そのうち
の $\frac{1}{8}$ がめがねをかけています。1組でめがねをかけて
いる人は何人ですか。（25点）

[　　　　　　　]

円の面積 ①

1 次の円の面積を求めましょう。（100点）1つ20

❶
1cm

❷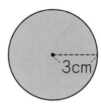
3cm

[　　　　]　　　　　[　　　　]

❸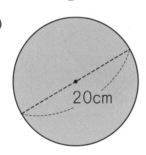
20cm

❹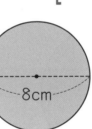
8cm

[　　　　]　　　　　[　　　　]

❺ 直径60cmの円

[　　　　]

円の面積を求める公式を
しっかり覚えておこう。

答えは90ページ ☞

円の面積 ②

1 次の図形の面積を求めましょう。（80点）1つ20

❶

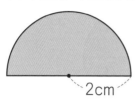

2cm

❷

10cm

[　　　　　] 　　[　　　　　]

❸

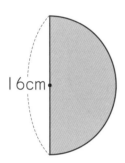

16cm

❹

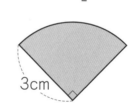

3cm

[　　　　　] 　　[　　　　　]

2 円周の長さが 25.12 cm の円があります。この円の面積は何 cm² ですか。（20点）

[　　　　　]

円の面積 ③

1 次の図形の色のついた部分の面積は何 cm² ですか。

（100点）1つ25

❶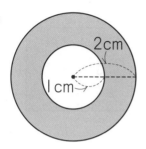

❷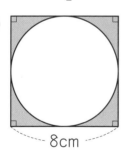

[　　　　　]　　　　[　　　　　]

❸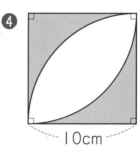

❹

[　　　　　]　　　　[　　　　　]

答えは90ページ ☞

角柱や円柱の体積 ①

1 右の三角柱について，次の問いに答えましょう。（40点）1つ20

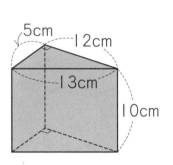

❶ 底面積を求めましょう。

［　　　　　　］

❷ 体積を求めましょう。

［　　　　　　　　］

2 次の立体の体積を求めましょう。（40点）1つ20

❶
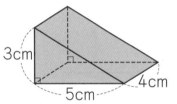

❷
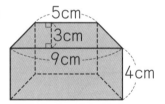

［　　　　　　］　　　　　　［　　　　　　］

3 右の展開図を組み立ててできる立体の体積を求めましょう。（20点）

［　　　　　　］

答えは90ページ ☞

角柱や円柱の体積 ②

1 次の角柱の体積を求めましょう。（75点）1つ25

❶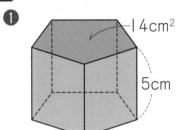

14cm²

5cm

❷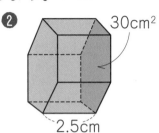

30cm²

2.5cm

[　　　　　]　　　　　[　　　　　]

❸

2cm

4cm

7cm

6cm

[　　　　　]

2 右の図のような, 底面積がどちらも20 cm² の四角柱Ａ, Ｂがあります。Ａの体積はＢの体積の何倍ですか。（25点）

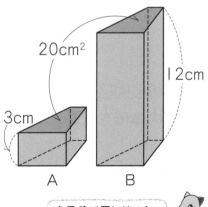

20cm²

12cm

3cm

A　　　B

[　　　　　]

底面積が同じだから…

答えは90ページ ☞

角柱や円柱の体積 ③

1 右の円柱について，次の問いに答え
ましょう。(40点) 1つ20

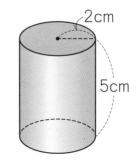

① 底面積を求めましょう。

[　　　　　　]

② 体積を求めましょう。

[　　　　　　]

2 次の円柱の体積を求めましょう。(40点) 1つ20

①
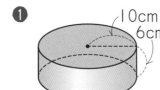

②
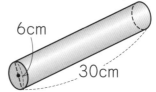

[　　　　　]　　[　　　　　]

3 右の展開図を組み立ててできる立
体の体積を求めましょう。(20点)

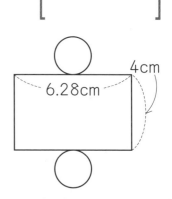

[　　　　　]

角柱や円柱の体積 ④

1 次の立体の体積を求めましょう。（50点）1つ25

❶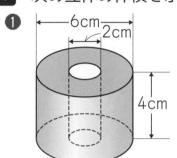

❷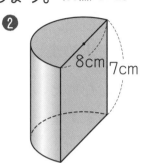

[　　　　　]　　　　　[　　　　　]

2 右の図のような立体の体積を求めましょう。（25点）

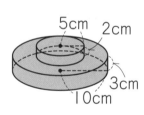

[　　　　　]

3 底面の半径が 4 cm で，体積が 753.6 cm^3 の円柱の高さは何 cm ですか。（25点）

[　　　　　]

答えは90ページ

およその面積と体積

1 足の裏にすみをぬり，右のような足形をとりました。この足形のおよその面積を求めましょう。

（50点）1つ25

❶ およそ，どんな形とみて，面積を求めればよいですか。

[　　　　　　　]

❷ およその面積を求めましょう。

[　　　　　　　]

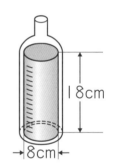

2 右の図のようなびんに入ったジュースの体積は，およそ何 cm^3 でしょう。答えは上から2けたのがい数で求めましょう。（25点）

[　　　　　　　]

3 右の図のようなプールの容積を，縦9m，横25m，深さ1mの直方体とみて求めましょう。（25点）

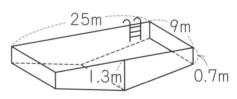

[　　　　　　　]

答えは90ページ ☞

月　　日
得点

点／合格80点

1 おとな 4 人と子ども 7 人で遠足に行くことになりました。(20点) 1つ10

❶ おとなの人数と子どもの人数の割合を比で表しましょう。

[　　　　　　]

❷ おとなの人数と遠足に行く全員の人数の割合を比で表しましょう。

[　　　　　　]

2 次の比を書きましょう。(40点) 1つ10

❶ 3 と 7 の比　　　❷ 9 と 4 の比

[　　　　　　]　　　[　　　　　　]

❸ 3m と 10m の比　　　❹ 6g と 1g の比

[　　　　　　]　　　[　　　　　　]

3 次の比の値を求めましょう。(40点) 1つ10

❶ 1：6　　　❷ 4：3

[　　　　　　]　　　[　　　　　　]

❸ 8：12　　　❹ 15：5

[　　　　　　]　　　[　　　　　　]

1 次の㋐〜㋔の中から，2：5と等しい比をすべて選び，記号で答えましょう。(20点)

㋐ 1：4　　　㋑ 4：10　　　㋒ 5：2

㋓ 0.2：0.5　㋔ 6：15　　　㋕ 20：50

[　　　　　　　]

2 次の㋐〜㋕の中から，9：6と等しい比をすべて選び，記号で答えましょう。(20点)

㋐ 6：9　　　㋑ $\frac{1}{9}：\frac{1}{6}$　　　㋒ 3：2

㋓ 12：8　　　㋔ 2：3　　　㋕ 6：4

[　　　　　　　]

3 次の2つの比が等しいものには○を，等しくないものには×を□に書きましょう。(60点) 1つ15

❶ [　] 1：3と3：6

❷ [　] 10：1と100：10

❸ [　] $\frac{1}{2}：\frac{1}{5}$と2：5

❹ [　] 2：7と1：3.5

分数や小数はまず整数になおすといいよ。

比 ③

1 次の❶〜❸は，どれも正しく比を簡単にしていません。
正しく比を簡単にしましょう。（30点）1つ10

❶ $9:3=(9-2):(3-2)$
$\qquad =7:1$

$\Big[\qquad\qquad\qquad \Big]$

❷ $2.8:7=(2.8\div7):(7\div7)$
$\qquad =0.4:1$

$\Big[\qquad\qquad\qquad \Big]$

❸ $0.4:\dfrac{2}{3}=\dfrac{4}{10}:\dfrac{2}{3}$

$\qquad =\dfrac{2}{5}:\dfrac{2}{3}$

$\Big[\qquad\qquad\qquad \Big]$

2 次の比を簡単にしましょう。（70点）1つ14

❶ $9:12$

❷ $24:36$

❸ $0.6:4.2$

❹ $\dfrac{5}{6}:\dfrac{4}{9}$

❺ $\dfrac{1}{4}:\dfrac{2}{3}$

答えは90ページ ☞

比 ④

1 次の式で，x の表す数を求めましょう。(40点) 1つ10

❶ $5:6=x:18$

❷ $4:3=16:x$

❸ $56:35=8:x$

❹ $0.25:0.75=1:x$

2 次の式で，x の表す数を求めましょう。(60点) 1つ15

❶ $6:8=9:x$

❷ $45:27=x:12$

❸ $2:0.8=x:4$

❹ $1\dfrac{1}{6}:\dfrac{1}{3}=21:x$

答えは91ページ ☞

比を使った問題 ①

1 縦と横の長さの比が 3：5 の長方形の形をした花だんをつくります。横の長さを 120 cm にすると，縦の長さは何 cm になりますか。（25点）

[　　　　　]

2 なしとりんごの 1 個のねだんの比は 6：11 で，りんごは 220 円です。なしのねだんは何円ですか。（25点）

[　　　　　]

3 算数と国語のテストの点数の比は 6：5 で，算数は 90 点でした。国語は何点でしたか。（25点）

[　　　　　]

4 ゆうさんとそらさんの貯金の金額の比は 5：4 で，ゆうさんの貯金の金額は 8200 円です。そらさんの貯金の金額は何円ですか。（25点）

[　　　　　]

比を使った問題 ②

1 面積が 260 m² の畑を，なす畑ときゅうり畑の比が 8：5 になるように分けます。面積をそれぞれ何 m² にすればよいですか。(25点)

なす畑 [　　　　　　　　　] きゅうり畑 [　　　　　　　　　]

2 しほさんは 11 才，みきさんは 9 才です。1000 円をしほさんとみきさんで年令の比と等しくなるように分けるとき，しほさんは何円になりますか。(25点)

[　　　　　　　　　]

3 まいさんが起きている時間とねている時間の長さの比は 5：3 でした。まいさんが起きている時間の長さは何時間ですか。(25点)

[　　　　　　　　　]

4 ある博物館のおとなと子どもの入館料の比は 3：2 で，その差は 300 円です。おとなと子どもの入館料はそれぞれ何円ですか。(25点)

おとな [　　　　　　　　　] 子ども [　　　　　　　　　]

答えは91ページ ☞

拡大図と縮図 ①

1 右の図について，次の□にあてはまる数やことばを書きましょう。

（40点）1つ20

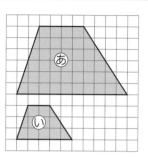

❶ あの図をいの図の □ 倍の

[　　　　　　　　　] といいます。

❷ いの図をあの図の 1/□ の [　　　　　　　] といいます。

2 下の図について，記号で答えましょう。（60点）1つ20

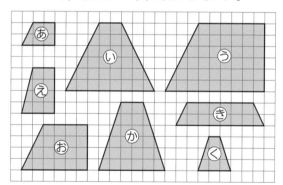

❶ あの 2 倍の拡大図はどれですか。

[　　　　　　　　　]

❷ かの 1/2 の縮図はどれですか。

[　　　　　　　　　]

❸ あの 3 倍の拡大図はどれですか。

[　　　　　　　　　]

答えは91ページ ☞

拡大図と縮図 ②

1 右の図で，あの三角形はいの三角形の拡大図，いの三角形はうの三角形の縮図です。

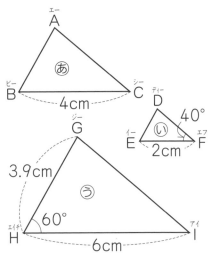

❶ 角Cの大きさは何度ですか。（15点）

[　　　　　　　]

❷ 角Aの大きさは何度ですか。（15点）

[　　　　　　　]

❸ 辺DEの長さは何cmですか。（15点）

[　　　　　　　]

❹ 辺ABの長さは何cmですか。（15点）

[　　　　　　　]

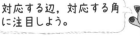
対応する辺，対応する角に注目しよう。

❺ いはあの何分の1の縮図ですか。（20点）

[　　　　　　　]

❻ うはあの何倍の拡大図ですか。（20点）

[　　　　　　　]

答えは91ページ ☞

拡大図と縮図 ③

1 右の図で，三角形 ADE は三角形 ABC の拡大図です。(60点) 1つ20

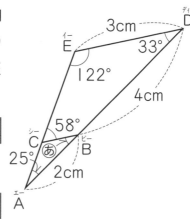

❶ 三角形 ABC は三角形 ADE の何分の1の縮図ですか。

[　　　　　　　]

❷ 角あは何度ですか。

[　　　　　　　]

❸ 辺 BC の長さは何 cm ですか。

[　　　　　　　]

2 右の図の3倍の拡大図と1.5倍の拡大図をかきましょう。(40点) 1つ20

← 3倍の拡大図

1.5倍の拡大図
↓

答えは91ページ ☞

拡大図と縮図 ④

1 右のような三角形の $\frac{1}{2}$ の縮図を
かきましょう。（40点）

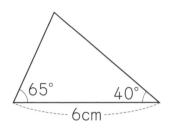

2 次の図の頂点Bを中心にして，四角形ABCDの1.5倍
の拡大図と $\frac{1}{3}$ の縮図をかきましょう。（60点）1つ30

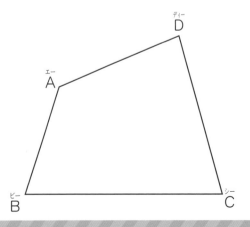

答えは92ページ☞

縮図の利用 ①

1 縮尺が[　]の中のとき，次の長さは縮図上で何 cm で表されますか。(30点) 1つ15

❶ 600 m $\left[\dfrac{1}{10000}\right]$　　❷ 4 km [1：50000]

[　　　　　]　　　　　[　　　　　]

2 縮図上での長さが次のようになり，縮尺が[　]の中のとき，実際の長さは何 km ですか。(30点) 1つ15

❶ 10 cm $\left[\dfrac{1}{10000}\right]$　　❷ 6 cm [1：25000]

[　　　　　]　　　　　[　　　　　]

3 次の図は，A駅周辺の地図です。(40点) 1つ20

[1：50000]

❶ この地図の縮尺は，何分の 1 ですか。

[　　　　　]

❷ 家から郵便局までの実際のきょりは何 km ですか。長さを定規ではかって求めましょう。

[　　　　　]

　　答えは92ページ ☞

縮図の利用 ②

1 右の図は、あきなさんが木のてっぺんを見上げたときのようすを表したものです。（100点）1つ25

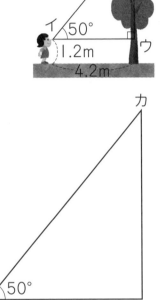

❶ 右の三角形カキクは三角形アイウの $\frac{1}{100}$ の縮図です。辺キクの長さは何 cm ですか。計算で求めましょう。

[　　　　　　　　]

❷ 辺カクの長さは何 cm ですか。定規ではかりましょう。

[　　　　　　　　]

❸ アウの実際の長さは何 m ですか。

[　　　　　　　　]

❹ 木の実際の高さは何 m ですか。

[　　　　　　　　]

答えは92ページ ☞

比　例 ①

1 下の表は，空の水そうに同じ量ずつ水を入れたときの，入れた時間 x 分とそのときの水の深さ y cm の関係を表したものです。

時間 x（分）	1	2	3	4	5	6	
深さ y（cm）	3	6	9	㋐	15	㋑	

❶ 表のあいているところにあてはまる数を書きましょう。
（20点）1つ10

❷ 次の□にあてはまる数を書きましょう。（40点）□1つ20

x の値が 3 倍になるとそれに対応する y の値は □ 倍になり，x の値が $\frac{1}{2}$ 倍になるとそれに対応する y の値は □ 倍になります。

❸ x と y は，どんな関係にあるといえますか。（20点）

[　　　　　　　　]

2 次のことがらのうち，y が x に比例しているものをすべて選び，記号で答えましょう。（20点）

㋐ 800 m の道のりを歩くときの分速 x m とかかる時間 y 分

㋑ 正方形の 1 辺の長さ x cm とまわりの長さ y cm

㋒ 1 本 90 円のえん筆を x 本買ったときの代金 y 円

[　　　　　　　　]

答えは92ページ ☞

比　例 ②

1 同じ速さで走っている列車があります。下の表は，走った時間 x 分と走った道のり y km の関係を表したものです。❶❷の□にはことばを，❸の□には数を入れましょう。(40点) □1つ10

時間 x(分)	1	2	3	4	5	6
道のり y(km)	1.5	3	4.5	6	7.5	9

❶ 時間 x(分)が2倍，3倍，…になると，道のり y(km) も □ ， □ ，…になります。

❷ このことから，y は x に □ していることがわかります。

❸ 道のり y(km) を時間 x(分)でわった商は，いつも □ になります。

2 次の表は，比例する x と y の関係を表したものです。表のあいているところに，あてはまる数を書きましょう。

(60点) 1つ15

❶
x(cm)	1	2	4	㋑
y(g)	60	120	㋐	480

❷
x(分)	2	5	7	㋑
y(m)	8	㋐	28	80

答えは92ページ ☞

比 例 ③

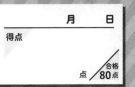

1 底辺が 6 cm の平行四辺形の高さ x cm と面積 y cm^2 の関係を調べます。

❶ x と y の関係を表す表をつくりましょう。（10点）

高さ x(cm)	1	2	3	4	5	6	
面積 y(cm^2)	6						

❷ 面積 y(cm^2) を高さ x(cm)でわった商は，いつもいくつになりますか。（10点）

[　　　　　　　]

❸ x と y の関係を式に表しましょう。（20点）

[　　　　　　　]

2 右の表は，比例する x と y の関係を表したものです。

x(m)	4	⑦		10	12	
y(kg)	20	25	50	⑦		

❶ 表のあいているところに，あてはまる数を書きましょう。（40点）1つ20

❷ x と y の関係を式に表しましょう。（20点）

[　　　　　　　]

答えは92ページ☞

比　例 ④

1 りょうたさんは，自転車で４分間走って 800 m 進みました。（60点）1つ15

❶ 同じ速さで走ったとして，走った時間を x 分，進んだ道のりを y m として，x と y の関係を式に表しましょう。

[　　　　　　　　　　]

❷ この速さで走ったとして，次の値を求めましょう。

⑦ 10 分間走ったときの道のり

[　　　　　　　　　　]

④ 45 分間走ったときの道のり

[　　　　　　　　　　]

⑨ 1800 m 進むのにかかる時間

[　　　　　　　　　　]

2 y が x に比例し，x と y の関係が $y=7×x$ という式で表されるとき，次の値を求めましょう。（40点）1つ20

❶ x の値が６のときの y の値

[　　　　　　　　　　]

❷ y の値が 105 のときの x の値

[　　　　　　　　　　]

答えは92ページ☞

比例のグラフ ①

1 右のグラフは，すすむさんが歩いた時間と進んだ道のりを表しています。(60点) 1つ20

歩いた時間と道のり

❶ 2分歩いたときに進んだ道のりは何mですか。

[　　　　　　]

❷ 450m進むのにかかった時間は何分ですか。

❸ すすむさんの歩く速さは分速何mですか。

[　　　　　]　　　[　　　　　]

2 右の表は，鉄の棒の長さ x m とその重さ y kg の関係を表にしたものです。(40点) 1つ20

長さx(m)	1	2	3	4	5
重さy(kg)	1.5	3	4.5	6	7.5

❶ x と y の関係を式に表しましょう。

[　　　　　　]

❷ x と y の関係をグラフに表しましょう。

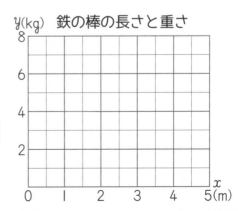

y(kg)　鉄の棒の長さと重さ

答えは92ページ ☞

比例のグラフ ②

1 次の❶～❹の式は，右の⑦～⑰ のどのグラフの式ですか。記号 で答えましょう。(60点) 1つ15

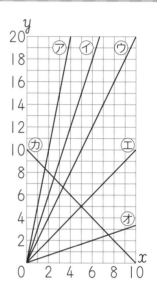

❶ $y= x$　　　[　　　　　]

❷ $y=3×x$　　[　　　　　]

❸ $y=\dfrac{1}{3}×x$　　[　　　　　]

❹ $y=5×x$　　[　　　　　]

2 底辺が 4 cm の三角形がありま す。この三角形の高さを x cm， そのときの面積を y cm^2 とす るとき，次の問いに答えましょ う。(40点) 1つ20

三角形の高さと面積

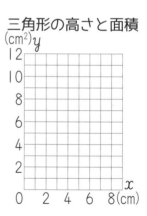

❶ x と y の関係を式に表しましょ う。

[　　　　　　　　　]

❷ x と y の関係をグラフに表しましょう。

比例のグラフは必ず 0 の点を通るよ。

答えは93ページ

比例の利用 ①

1 6Lのガソリンで66km走ることができる自動車があります。(50点) 1つ25

❶ この自動車は，15Lのガソリンで何km走ることができますか。

[　　　　　　　]

❷ この自動車で275km走るには，何Lのガソリンが必要ですか。

[　　　　　　　]

2 くぎ10本の重さをはかったら45gありました。同じくぎがたくさんあり，その重さが342gのとき，くぎは何本ありますか。(25点)

[　　　　　　　]

3 たかしさんはかげの長さを利用して，木の高さをはかりました。120cmの棒をまっすぐに立てたら，かげの長さが80cmありました。同じ時刻に木のかげの長さが6.2mのとき，この木の高さは何mですか。(25点)

[　　　　　　　]

1 れいさんとりくさんは同時に同じ家を出発し，れいさんは自転車で，りくさんは歩いて同じ道を通って1200mはなれた公園に向かいました。下のグラフは，そのときのようすを表したものです。(100点) 1つ20

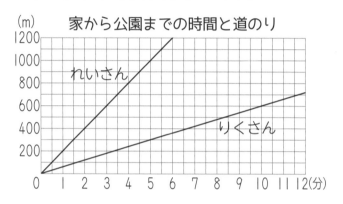

（m）　家から公園までの時間と道のり

❶ れいさんは家から公園まで何分かかりましたか。

[　　　　　　　]

❷ りくさんは1分間に何mの速さで歩いていますか。

[　　　　　　　]

❸ 家を出てから5分後に，れいさんとりくさんは何mはなれていますか。

[　　　　　　　]

❹ 600mの地点をれいさんが通過してから，りくさんが通過するまで何分ありますか。

[　　　　　　　]

❺ りくさんはこのまま同じ速さで歩くと，家から公園まで何分かかりますか。

[　　　　　　　]

反比例 ①

1 次の2つの数量が比例するものには○を，反比例するものには◎を，比例も反比例もしないものには△を□に書きましょう。（70点）1つ10

❶ □ 1個60円のあめを買うときの個数と代金

❷ □ 1日のうちの昼の時間と夜の時間

❸ □ 30kmの道のりを進むときの時速とかかる時間

❹ □ 面積が24cm² の三角形の底辺と高さ

❺ □ まわりの長さが40cmの長方形の縦の長さと横の長さ

❻ □ 下の表の2つの量 x と y

x	1	2	4	8
y	8	4	2	1

❼ □ 下の表の2つの量 x と y

x	1	2	4	8
y	5	10	20	40

2 2つの数量 x と y の間に，次の式で表される関係があるとき，y が x に反比例するものを選び，記号で答えましょう。（30点）

㋐ $y=15×x$

㋑ $x-y=15$

㋒ $x×y=15$

㋓ $y=15×x+1$

[　　　　　]

答えは93ページ ☞

反比例 ②

1 次の表で，x と y は反比例しています。表のあいているところにあてはまる数を書いて，x と y の関係を表す式を書きましょう。(80点) 1つ10

❶

x	1	㋐		10	12	㋒
y	60	12	㋑	5	3	

[　　　　　　　　　　　　　]

❷

x	㋐	3	3.6	6	9
y	9	6	㋑	㋒	2

[　　　　　　　　　　　　　]

2 y が x に反比例し，x と y の関係が $y = 24 \div x$ の式で表されるとき，次の値を求めましょう。(20点) 1つ10

❶ x の値が 6 のときの y の値

[　　　　　　　]

❷ y の値が 12 のときの x の値

[　　　　　　　]

答えは93ページ ☞

反比例 ③

1 A市からB市まで，時速 40 km の自動車で走ると 3 時間かかります。(60点) 1つ20

❶ この道のりを，時速 x km で走るときにかかる時間を y 時間として，x と y の関係を式に表しましょう。

[　　　　　　　　]

❷ A市からB市まで，時速 60 km で走ると何時間かかりますか。

[　　　　　　　　]

❸ A市からB市まで 1.5 時間で行くには，時速何 km で走ればよいですか。

[　　　　　　　　]

2 6 人でやると 5 日間で終わる仕事があります。この仕事をやるときの 1 日の人数を x 人，そのときにかかる日数を y 日とします。人数とかかる日数は反比例するとします。(40点) 1つ20

❶ x と y の関係を式に表しましょう。

[　　　　　　　　]

❷ 1 日に働く人数が 10 人のとき，この仕事を完成するのに何日かかりますか。

[　　　　　　　　]

答えは93ページ ☞

反比例のグラフ

1 次の表は，24 L 入る水そうに水を入れるときの，いっぱいになるまでにかかる時間 x 分と 1 分間に入れる水の量 y L の関係を表したものです。(100点) 1つ20

時間 x(分)	1	2	㋐	6	12	24
1分間に入れる水の量 y(L)	24	12	8	4	㋑	1

❶ 上の表の㋐にあてはまる数を書きましょう。

[　　　　　　]

❷ 上の表の㋑にあてはまる数を書きましょう。

[　　　　　　]

❸ x と y の関係を式に表しましょう。

[　　　　　　]

❹ 上の表の x と y の値の組を表す点を，右のグラフに表しましょう。

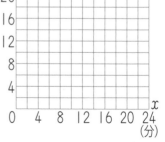

水そうがいっぱいになるまでにかかる時間と1分間に入れる水の量

❺ 4 分で水そうをいっぱいにするには，1 分間に何 L の水を入れればいいですか。

[　　　　　　]

答えは93ページ ☞

並べ方 ①

1 Ａ，Ｂ，Ｃの３人が縦に１列に並びます。(60点) 1つ15

① Ａが先頭になる場合，並び方は何通りありますか。

[　　　　　　　　]

② Ｂが先頭になる場合，並び方は何通りありますか。

[　　　　　　　　]

③ Ｃが先頭になる場合，並び方は何通りありますか。

[　　　　　　　　]

④ 全部で何通りの並び方がありますか。

[　　　　　　　　]

2 Ａ，Ｂ，Ｃ，Ｄの４人がリレーのチームをつくります。
４人の走る順番のきめ方は何通りありますか。(20点)

[　　　　　　　　]

3 右のような旗があります。この旗を
赤，青，黄の３色のうち２色を使っ
てぬり分けます。色のぬり方は何通
りありますか。(20点)

[　　　　　　　　]

並べ方 ②

1 ①, ③, ⑥の 3 枚のカードがあります。このカードを並べて 3 けたの整数をつくります。（60点）1つ20

❶ 百の位を①にしたとき，並べ方は何通りありますか。

[　　　　　　　]

❷ 3 けたの整数は全部で何通りできますか。

[　　　　　　　]

❸ 3 けたの偶数は何通りできますか。

[　　　　　　　]

2 ②, ④, ⑤の 3 枚のカードから 2 枚のカードを使って 2 けたの整数をつくります。全部で何通りの整数ができますか。（20点）

[　　　　　　　]

3 ⓪, ⑦, ⑧, ⑨の 4 枚のカードから 3 枚のカードを使って 3 けたの整数をつくります。全部で何通りの整数ができますか。（20点）

[　　　　　　　]

1 家から動物園に行くには，右の図のような方法があります。
（60点）1つ20

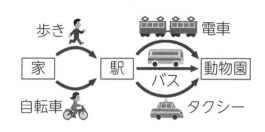

歩き　電車

家　駅　バス　動物園

自転車　タクシー

❶ 家から駅まで歩いた場合，動物園への行き方は何通りありますか。

[　　　　　]

❷ 家から駅まで自転車で行った場合，動物園への行き方は何通りありますか。

[　　　　　]

❸ 家から動物園に行く方法は，全部で何通りありますか。

[　　　　　]

2 コインを2回投げたとき，表と<ruby>裏<rt>うら</rt></ruby>の出方は何通りありますか。（20点）

[　　　　　]

3 5円玉，10円玉，50円玉をそれぞれ1回ずつ投げたとき，表と裏の出方は全部で何通りありますか。（20点）

[　　　　　]

組み合わせ ①

1 A, B, C, Dの4人の中から選手を2人選びます。(50点) 1つ25

AとB　AとC　AとD
B̶と̶A̶　BとC　BとD
CとA　CとB　CとD
DとA　DとB　DとC

❶ 右の2人を選ぶ表で, 同じ組み合わせを／で消しています。つづけて, 同じ組み合わせを／で消しましょう。

いくつ残るかな?

❷ 4人の中から2人を選ぶ選び方は全部で何通りありますか。

[　　　　　]

2 もも, くり, かきの3種類のくだものから2種類を選ぶ選び方は何通りありますか。(25点)

[　　　　　]

3 A, B, C, Dの4枚のカードがあります。この中から3枚を選ぶとき, 選ぶカードの組み合わせは何通りありますか。(25点)

[　　　　　]

答えは94ページ ☞

組み合わせ ②

1 赤, 黄, 白, ピンク, 青, むらさきの花が１本ずつあります。この中から５本選ぶとき, 選び方は何通りありますか。(20点)

[　　　　　　　]

2 10円玉, 100円玉, 500円玉が１枚ずつあります。
(40点) 1つ20

❶ この中から２枚を選ぶとき, 合計金額が500円以上になる組み合わせは何通りありますか。

[　　　　　　　]

❷ この３枚に500円玉をもう１枚加えた４枚から２枚を選ぶとき, 合計金額が500円以上になる組み合わせは何通りありますか。

[　　　　　　　]

3 五角形について, 次の問いに答えましょう。(40点) 1つ20

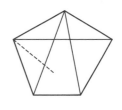

❶ 対角線は全部で何本ひけますか。

[　　　　　　]

❷ となり合う頂点を結ぶ直線と対角線は, 合わせて何本ありますか。

[　　　　　　　]

答えは94ページ

組み合わせ ③

1 1, 2, 3, 4, 5 の中から 3 つの数を選びます。(60点) 1つ20

① 偶数が 2 つ, 奇数が 1 つになる組み合わせは, 何通りありますか。

[　　　　　　　]

② 偶数が 1 つ, 奇数が 2 つになる組み合わせは, 何通りありますか。

[　　　　　　　]

③ 偶数と奇数を区別しないで, 5 つの中から 3 つを選ぶとき, 組み合わせは何通りになりますか。

[　　　　　　　]

2 A, B, C, D, E の 5 チームで, バスケットボールの試合をします。(40点) 1つ20

① たがいにどのチームとも 1 回ずつ試合をするようにします。このときの試合数は, 全部で何試合になりますか。

[　　　　　　　]

② 勝ちぬき戦(トーナメント方式)で優勝チームをきめるには, 何試合することになりますか。

[　　　　　　　]

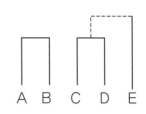

資料の整理 ①

1 右の表は，2つの班の漢字テストの成績です。

A班	6	9	8	7	5	7
B班	8	7	8	7	10	

（単位：点）

❶ A班の平均点を求めましょう。
（20点）

[　　　　　　　　　　　]

❷ B班の平均点を求めましょう。（20点）

[　　　　　　　　　　　]

❸ 右のように，A班について，点数をドットプロットに表しました。B班についても，ドットプロットに表しましょう。（20点）

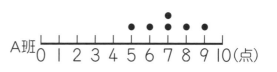

A班 0 1 2 3 4 5 6 7 8 9 10(点)

B班 0 1 2 3 4 5 6 7 8 9 10(点)

❹ A班とB班のそれぞれで，いちばん点数の高い人といちばん点数の低い人の差は何点ですか。（20点）1つ10

A班 [　　　　　　　] B班 [　　　　　　　]

❺ それぞれの数直線の，平均の点数を表すところに↑をかきましょう。（20点）1つ10

答えは95ページ ☞

資料の整理 ②

1 右の表は，児童 20 人のある日の読書時間を表したものです。

(100点) 1つ20

読書時間

階級（分）	人数（人）
以上　　未満	
0～20	2
20～40	6
40～60	9
60～80	3
計	20

❶ 階級のはばは何分ですか。

[　　　　　　　　　　]

❷ 読書時間が 60 分だった人は，どの階級に入りますか。

[　　　　　　　　　　　　]

❸ 読書時間が 20 分以上 40 分未満の人は何人ですか。

[　　　　　　　　　　　]

❹ 読書時間が長かった方から数えて 10 番目の人は，どの階級に入りますか。

[　　　　　　　　　　　]

❺ 読書時間が 20 分未満の人の割合は，全体の何％ですか。

[　　　　　　　　　　　]

答えは95ページ☞

1 右の表は，あるクラスの児童30人の身長測定の結果をまとめたものです。(100点) 1つ20

身長測定の結果

身長(cm) 以上　未満	人数(人)
130〜135	4
135〜140	5
140〜145	6
145〜150	9
150〜155	6
計	30

❶ 身長が137cmの人は，どの階級に入りますか。

[　　　　　　　]

❷ 身長が145cm以上の児童は何人いますか。

[　　　　　　　]

❸ 身長が低い方から数えて12番目の児童が入っている階級の人数は，全体の何%ですか。

[　　　　　　　]

❹ 身長のちらばりのようすを柱状グラフに表しましょう。

❺ もっとも人数が多いのは，どの階級ですか。

[　　　　　　　]

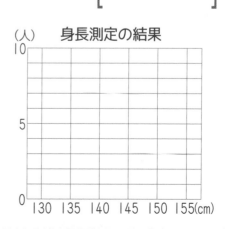

(人)　身長測定の結果

130　135　140　145　150　155(cm)

答えは95ページ ☞

代表値 ①

1 次の資料は，図書委員 13 人が先月 1 か月に読んだ本の冊数を表したものです。(80点) 1つ20

———————————（単位：冊）—
5　9　6　7　10　6　4　9　6　8　7　6　8

❶ 冊数の少ない順に並べかえましょう。

[　　　　　　　　　　　　　　　　]

❷ 平均値を求めましょう。

[　　　　　　　]

❸ 中央値を求めましょう。

[　　　　　　　]

❹ 最頻値を求めましょう。

[　　　　　　　]

2 右の資料は，6 人がそれぞれ収かくしたじゃがいもの量を表したものです。中央値を求めましょう。(20点)

———————（単位：kg）—
| 43.2 | 45.6 | 47.7 |
| 49.0 | 45.4 | 40.9 |

[　　　　　　　]

代表値 ②

1 次の資料は，10人ずつの2つのグループA，Bがゲームをしたときの得点記録を表したものです。

```
── Aグループ ──        ── Bグループ ──
  2  3  3  4  4          1  2  3  3  4
  5  5  5  6  7          5  5  5  7  9
```

❶ それぞれのグループの得点の平均値を求めましょう。

（20点）1つ10

A [　　　　　　　] B [　　　　　　　]

❷ 次の柱状グラフは，A，Bどちらのグループを表したものですか。（20点）1つ10

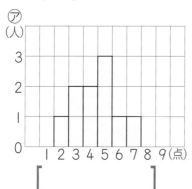

[　　　　　　　]

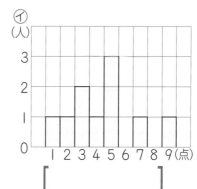

[　　　　　　　]

❸ それぞれのグループの得点の中央値を求めましょう。

（30点）1つ15

A [　　　　　　　] B [　　　　　　　]

❹ それぞれのグループの得点の最頻値を求めましょう。

（30点）1つ15

A [　　　　　　　] B [　　　　　　　]

答えは95ページ ☞

ちらばりを表すグラフ

1 次の⑦～⑦の図は，5つのグループで調査した算数と国語のテストの成績の関係を表したものです。それぞれの図は，下のどの結果を表していますか。記号で答えましょう。（100点）1つ20

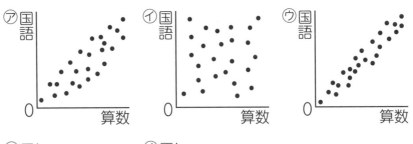

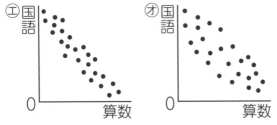

どんなとくちょうがあるかな？

❶ 算数の点数が高い人は，ほとんど国語の点数が高い。　[　　　　　]

❷ 算数の点数が高い人は，だいたい国語の点数が高い。　[　　　　　]

❸ 算数の点数が高い人は，ほとんど国語の点数が低い。　[　　　　　]

❹ 算数の点数が高い人は，だいたい国語の点数が低い。　[　　　　　]

❺ 算数の点数と国語の点数は関連がない。　[　　　　　]

答えは95ページ ☞

いろいろなグラフ ①

1 右の図は，A駅を発車する上りふつう列車と上り急行列車，C駅を発車する下り急行列車の運行のようすを表したグラフです。A駅とB駅間は 6 km，B駅とC駅間は 8 km です。(100点) 1つ20

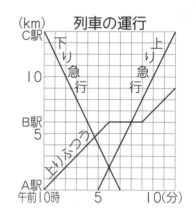

(km)　　列車の運行

❶ 上りふつう列車は，B駅で何分停車しますか。

[　　　　　　　]

❷ 上り急行列車は，上りふつう列車をどこで追いこしますか。記号で答えましょう。

　⑦ A駅－B駅間　　　⑦ B駅　　　⑦ B駅－C駅間

[　　　　　　　]

❸ 上りふつう列車は時速何 km ですか。

[　　　　　　　]

❹ 上り急行列車と下り急行列車がすれちがう時刻は午前何時何分で，A駅から何 km のところですか。

[　　　　　　　]

❺ 上りふつう列車がC駅にとう着する時刻を求めましょう。

[　　　　　　　]

答えは96ページ☞

いろいろなグラフ ②

1 次のグラフは，A市とB市の1年間の気温と降水量を
表したものです。(100点) 1つ20

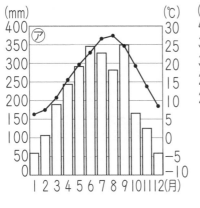
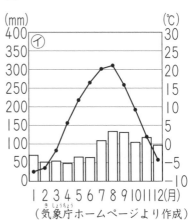

(気象庁ホームページより作成)

❶ このグラフを見てみほさんは，「B市は6月と9月に雨
が多いんだね」といいました。B市を表すグラフは，⑦
と⑦のどちらですか。

[　　　　　　]

❷ 平均気温が17度であるのは，⑦と⑦
のどちらのグラフですか。

[　　　　　　]

❸ それぞれのグラフの左側の縦の軸の目
もりは何を表していますか。

[　　　　　　]

❹ ⑦のグラフで，9月の降水量はおよそ
何mmですか。

[　　　　　　]

❺ ⑦のグラフで，7月の気温はおよそ
何度ですか。

[　　　　　　]

答えは96ページ ☞

いろいろな問題 ①

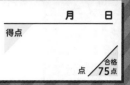

1 ある仕事をするのに，Ａが１人ですると20日，Ｂが
１人ですると30日かかります。（75点）1つ25

❶ この仕事を２人でいっしょにすると，１日に仕事全体
のどれだけができますか。

[　　　　　　　]

❷ この仕事を２人でいっしょにすると，仕事が終わるま
でに何日かかりますか。

[　　　　　　　]

❸ この仕事をＡだけで４日したあと，残りをＢが１人で
します。仕事が仕上がるまでに全部で何日かかりますか。

[　　　　　　　]

2 水そうに水を入れるのに，Ａの管だけでは12分，Ｂの
管だけでは18分，Ｃの管だけでは９分かかります。Ａ，
Ｂ，Ｃの３つの管を同時に使って水を入れると，水そ
うは何分でいっぱいになりますか。（25点）

[　　　　　　　]

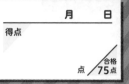

1 縦が３cm，横が２cm
の長方形があります。こ
の長方形に半径が１cm
の円を，右の図のように
辺にそって１周ころが
していきます。(50点) 1つ25

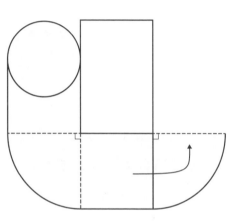

❶ 円が長方形のまわりを１
周するまでの図をつづけ
てかきましょう。

❷ 円が通ったあとの図形の
面積を求めましょう。

[　　　　　　　　]

2 １辺が４cmの正三角形があります。この正三角形に半径が１cmの円を，右の図のように辺にそって１周ころがしていきます。
(50点) 1つ25

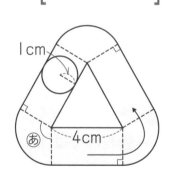

❶ 角㋐の大きさを求めましょう。

[　　　　　　　　]

❷ 円が通ったあとの図形の面積を求めましょう。

[　　　　　　　　]

いろいろな問題 ③

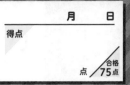

1 周囲が 840 m の池があります。この池のまわりをゆうきさんは分速 80 m，いつきさんは分速 60 m で歩きます。(100点) 1つ25

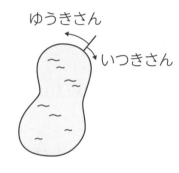

ゆうきさん
いつきさん

❶ 池のまわりをゆうきさんといつきさんが同じ場所から反対方向に，同時に出発します。

　㋐ 2人は1分間に何 m ずつはなれていきますか。

　　　　[　　　　　　　　]

　㋑ 2人が出会うのは，出発してから何分後ですか。

　　　　　　　　[　　　　　　　　]

❷ 池のまわりをゆうきさんといつきさんが同じ場所から同じ方向に，同時に出発します。

いつきさん
ゆうきさん

　㋐ 2人は1分間に何 m ずつはなれていきますか。

　　　　[　　　　　　　　]

　㋑ ゆうきさんが1周多くまわって，はじめていつきさんに追いつくのは，出発してから何分後ですか。

　　　　　　　　[　　　　　　　　]

答えは96ページ ☞

いろいろな問題 ④

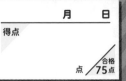
1 右のように，ある規則にしたがって，数を並べていきます。

1段目				1			
2段目			2	3	4		
3段目		5	6	7	8	9	
4段目	10	11	12	13	14	15	16
⋮				⋮			

(50点) 1つ25

❶ 6段目のいちばん右の数は何ですか。

[　　　　　　　]

❷ 8段目のいちばん左の数といちばん右の数の和を求めましょう。

[　　　　　　　]

2 長さ10cmの長方形の紙を，図のようにのりしろが2cmになるようにしてつなげ，テープをつくります。

(50点) 1つ25

（1枚）　　（2枚）　　　　（3枚）
10cm　　10cm 10cm
⇒　　　　　　⇒　　　　　　⇒ …
2cmのりしろ

❶ 5枚つなげたときのテープの長さは何cmになりますか。

[　　　　　　　]

❷ テープの長さが90cmになるのは，何枚つなげたときですか。

[　　　　　　　]

① 線対称①　　1ページ

1 ❶線対称　❷対称の軸
❸対応する，対応する，対応する

2 あ，い，お，か

② 線対称②　　2ページ

1 ❶点G　❷辺HG

❸
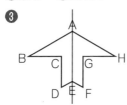

2 ❶直線⑦　❷3cm
❸辺ED　❹垂直

③ 線対称③　　3ページ

1 ❶点Aと点F　❷点H
❸二等辺三角形

2
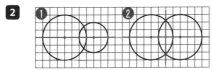

④ 線対称④　　4ページ

1
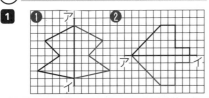

❸
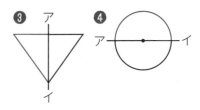

❹

≫考え方 等しい長さをかくときは，コンパスで長さをはかりとると便利です。

⑤ 点対称①　　5ページ

1 ❶点対称　❷対称の中心　❸対応する，対応する，対応する

2 あ，え，お

⑥ 点対称②　　6ページ

1 ❶点E　❷1cm

❸
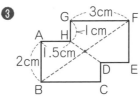

2 ❶2.5cm　❷140°
❸⑦2cm　④6cm

⑦ 点対称③　　7ページ

1 ❶，❷
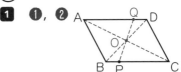

2 ❶2.5cm　❷42cm

>>考え方 ❶ BF＝3 cm だから，CF＝5 cm，OF＝OC なので，OF＝5÷2＝2.5（cm）
❷ 2つの三角形のまわりの長さから重なっている部分（FC）をひけばよい。OF＝1.5 cm なので，CF＝3 cm だから，8×3×2－3×2＝42（cm）

---

⑧ 点対称 ④　　8ページ

１ ❶❷

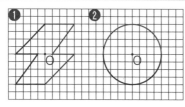

❸　　　❹

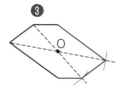

>>考え方 長さをはかりとるときは，コンパスを使うと便利です。

---

⑨ 多角形と対称 ①　　9ページ

１ ❶はい，はい　❷5本，8本

❸

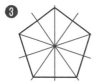

❹垂直，垂直

❺いいえ，はい

---

⑩ 多角形と対称 ②　　10ページ

１ ❶い，う，え，お

❷う，え，お

２ ❶6本　❷辺CD　❸角C

---

⑪ 文字と式 ①　　11ページ

１ ❶120×x（円）　❷x×4（cm）

❸1000－x（円）　❹5×x（cm²）

２ ❶x＋3（cm）　❷7 cm

❸18 cm

---

⑫ 文字と式 ②　　12ページ

１ ❶90×x＝y　❷x×3.14＝y

❸x×12＋600＝y

❹x×5－30＝y

２ 下底（の長さ）

---

⑬ 文字と式 ③　　13ページ

１ ❶180×x＋150＝y

❷1050　❸4

２ ❶8×x÷2＝y　❷6 cm

>>考え方 ❶は，4×x＝yとしても正解です。

---

⑭ 文字と式 ④　　14ページ

１ ㋐

>>考え方 ㋐～㋓のxとyの関係を表す式は，それぞれ次のようになります。
㋑4×x＋55＝y　㋒55＋4×x＝y
㋓4×x＋55＝y

２ ❶6　❷21　❸4　❹36

---

⑮ 分数のかけ算 ①　　15ページ

１ 3，$\dfrac{6}{7}$

２ ❶$\dfrac{5}{6}$　❷$\dfrac{4}{9}$　❸$\dfrac{9}{4}\left(2\dfrac{1}{4}\right)$

❹$\dfrac{20}{7}\left(2\dfrac{6}{7}\right)$

3 $\dfrac{6}{5}$ m² $\left(1\dfrac{1}{5}$ m²$\right)$

≫考え方 $\dfrac{2}{5}\times3=\dfrac{6}{5}$（m²）

---

⑯ 分数のかけ算②　　16ページ

1 ❶$\dfrac{1}{4}$　❷$\dfrac{3}{2}\left(1\dfrac{1}{2}\right)$

❸$\dfrac{10}{3}\left(3\dfrac{1}{3}\right)$　❹16

❺$\dfrac{20}{3}\left(6\dfrac{2}{3}\right)$　❻$\dfrac{27}{2}\left(13\dfrac{1}{2}\right)$

2 $\dfrac{25}{4}$ L $\left(6\dfrac{1}{4}$ L$\right)$

≫考え方 $\dfrac{5}{8}\times10=\dfrac{25}{4}$（L）

---

⑰ 分数のかけ算③　　17ページ

1 ❶$\dfrac{1}{10}$　❷$\dfrac{2}{27}$　❸$\dfrac{16}{21}$

❹$\dfrac{3}{4}$　❺$\dfrac{6}{7}$　❻$\dfrac{24}{5}\left(4\dfrac{4}{5}\right)$

2 $\dfrac{8}{15}$ kg

≫考え方 $\dfrac{2}{3}\times\dfrac{4}{5}=\dfrac{8}{15}$（kg）

---

⑱ 分数のかけ算④　　18ページ

1 ❶$\dfrac{3}{10}$　❷$\dfrac{7}{6}\left(1\dfrac{1}{6}\right)$　❸$\dfrac{1}{2}$

❹10　❺$\dfrac{5}{7}$　❻2

2 $\dfrac{49}{5}$ m² $\left(9\dfrac{4}{5}$ m²$\right)$

≫考え方 $2\dfrac{4}{5}\times3\dfrac{1}{2}=\dfrac{14}{5}\times\dfrac{7}{2}=\dfrac{49}{5}$（m²）

---

⑲ 分数のかけ算⑤　　19ページ

1 ⑦，⑨

2 ❶$\dfrac{8}{27}$　❷$\dfrac{35}{2}\left(17\dfrac{1}{2}\right)$　❸$\dfrac{4}{5}$

3 $\dfrac{9}{2}$ cm³ $\left(4\dfrac{1}{2}$ cm³$\right)$

≫考え方 直方体の体積＝縦×横×高さ で求めます。

$\dfrac{2}{3}\times1\dfrac{4}{5}\times3\dfrac{3}{4}=\dfrac{2}{3}\times\dfrac{9}{5}\times\dfrac{15}{4}=\dfrac{9}{2}$（cm³）

---

⑳ 分数のかけ算⑥　　20ページ

1 ❶$\dfrac{4}{5}$　❷19　❸2

≫考え方 ❶$\left(\dfrac{4}{5}\times\dfrac{7}{9}\right)\times\dfrac{9}{7}=\dfrac{4}{5}\times\left(\dfrac{7}{9}\times\dfrac{9}{7}\right)$

$=\dfrac{4}{5}\times1=\dfrac{4}{5}$

❷$\left(\dfrac{5}{6}+\dfrac{2}{9}\right)\times18=\dfrac{5}{6}\times18+\dfrac{2}{9}\times18$

$=15+4=19$

❸$\dfrac{2}{3}\times2\dfrac{2}{5}+\dfrac{2}{3}\times\dfrac{3}{5}=\dfrac{2}{3}\times\left(2\dfrac{2}{5}+\dfrac{3}{5}\right)$

$=\dfrac{2}{3}\times3=2$

2 ❶$\dfrac{7}{6}\left(1\dfrac{1}{6}\right)$　❷$\dfrac{1}{2}$　❸$\dfrac{10}{11}$

3 144分

≫考え方 $60\times2\dfrac{2}{5}=60\times\dfrac{12}{5}=144$（分）

㉑ 分数のわり算①　　21ページ

1 $\dfrac{4}{5\times\boxed{3}}=\dfrac{\boxed{4}}{\boxed{15}}$

2 ❶$\dfrac{1}{6}$　❷$\dfrac{3}{8}$　❸$\dfrac{2}{21}$　❹$\dfrac{3}{32}$

3 $\dfrac{8}{27}$ kg

≫考え方 $\dfrac{8}{9}\div3=\dfrac{8}{9\times3}=\dfrac{8}{27}$（kg）

㉒ 分数のわり算 ② 　22ページ

1 ❶ $\dfrac{1}{3}$ ❷ $\dfrac{1}{12}$ ❸ $\dfrac{3}{7}$ ❹ $\dfrac{2}{9}$

❺ $\dfrac{3}{10}$ ❻ $\dfrac{5}{14}$

2 $\dfrac{3}{10}$ m

≫考え方 $\dfrac{9}{10} \div 3 = \dfrac{9}{10 \times 3} = \dfrac{3}{10}$ (m)

㉓ 分数のわり算 ③ 　23ページ

1 $\dfrac{2}{5} \times \dfrac{\boxed{4}}{\boxed{3}} = \dfrac{2 \times \boxed{4}}{5 \times \boxed{3}} = \boxed{\dfrac{8}{15}}$

2 ❶ $\dfrac{3}{8}$ ❷ $\dfrac{15}{16}$ ❸ $\dfrac{10}{9}\left(1\dfrac{1}{9}\right)$

❹ $\dfrac{10}{7}\left(1\dfrac{3}{7}\right)$

3 $\dfrac{10}{21}$ m²

≫考え方 $\dfrac{2}{7} \div \dfrac{3}{5} = \dfrac{2}{7} \times \dfrac{5}{3} = \dfrac{10}{21}$ (m²)

㉔ 分数のわり算 ④ 　24ページ

1 ❶ $\dfrac{2}{3}$ ❷ $\dfrac{5}{4}\left(1\dfrac{1}{4}\right)$

❸ $\dfrac{5}{8}$ ❹ $\dfrac{4}{3}\left(1\dfrac{1}{3}\right)$

❺ 3 ❻ 14

2 200 円

≫考え方 $280 \div \dfrac{7}{5} = 280 \times \dfrac{5}{7} = 200$ (円)

㉕ 分数のわり算 ⑤ 　25ページ

1 ❶ $\dfrac{3}{7}$ ❷ $\dfrac{15}{2}\left(7\dfrac{1}{2}\right)$ ❸ $\dfrac{11}{18}$

❹ $\dfrac{9}{10}$

2 ❶ $\dfrac{25}{36}$ kg ❷ $\dfrac{36}{25}$ m $\left(1\dfrac{11}{25}$ m$\right)$

≫考え方 ❶ $2\dfrac{2}{9} \div 3\dfrac{1}{5} = \dfrac{20}{9} \times \dfrac{5}{16} = \dfrac{25}{36}$ (kg)

❷ $3\dfrac{1}{5} \div 2\dfrac{2}{9} = \dfrac{16}{5} \times \dfrac{9}{20} = \dfrac{36}{25}$ (m)

㉖ 分数のわり算 ⑥ 　26ページ

1 ⑦

2 ❶ 2 ❷ $\dfrac{7}{36}$ ❸ 9

❹ $\dfrac{15}{14}\left(1\dfrac{1}{14}\right)$

㉗ 分数のかけ算とわり算 ① 　27ページ

1 ❶ $\dfrac{27}{64}$ ❷ $\dfrac{1}{12}$ ❸ $\dfrac{20}{3}\left(6\dfrac{2}{3}\right)$

❹ 64 ❺ $\dfrac{1}{2}$

㉘ 分数のかけ算とわり算 ② 　28ページ

1 $\dfrac{28}{5}$ cm² $\left(5\dfrac{3}{5}$ cm²$\right)$

≫考え方 $5\dfrac{1}{4} \times 2\dfrac{2}{15} \div 2$

$= \dfrac{21}{4} \times \dfrac{32}{15} \times \dfrac{1}{2} = \dfrac{28}{5}$ (cm²)

2 $\dfrac{10}{9}$ m $\left(1\dfrac{1}{9}$ m$\right)$

≫考え方 $\dfrac{4}{5} \times 3\dfrac{1}{3} \div 2\dfrac{2}{5}$

$= \dfrac{4}{5} \times \dfrac{10}{3} \times \dfrac{5}{12} = \dfrac{10}{9}$ (m)

3 $\dfrac{2}{3}$

≫考え方 ある数を□とすると,

$□ \div 2\dfrac{1}{2} \div 1\dfrac{1}{3} = \dfrac{1}{5}$

$□ = \dfrac{1}{5} \times 1\dfrac{1}{3} \times 2\dfrac{1}{2} = \dfrac{1}{5} \times \dfrac{4}{3} \times \dfrac{5}{2} = \dfrac{2}{3}$

㉙ 分数の計算①　29ページ

1 ❶ $\dfrac{1}{3}$　❷ $1\dfrac{3}{15}$　❸ $\dfrac{4}{9}$　❹ $\dfrac{2}{3}$

❺ 0

>>考え方 ＋，－，×，÷の混じった計算では，×，÷を先に計算します。

㉚ 分数の計算②　30ページ

1 ❶ $\dfrac{3}{2}\left(1\dfrac{1}{2}\right)$　❷ $\dfrac{5}{8}$　❸ 6

❹ 37　❺ 2

>>考え方 かっこのある計算では，かっこの中を先に計算します。

ただし，❹と❺は，計算のきまりを使うと簡単です。

❹ $18\times\left(\dfrac{11}{9}+\dfrac{5}{6}\right)=18\times\dfrac{11}{9}+18\times\dfrac{5}{6}$
$=22+15=37$

㉛ 分数，小数，整数の混じった計算①　31ページ

1 ❶ 10　❷ 35，35

2 ❶ $\dfrac{3}{10}$　❷ $\dfrac{2}{9}$　❸ $\dfrac{3}{20}$

❹ $\dfrac{4}{3}\left(1\dfrac{1}{3}\right)$

>>考え方 ❶ $0.9\times\dfrac{1}{3}=\dfrac{9}{10}\times\dfrac{1}{3}=\dfrac{3}{10}$

❷ $\dfrac{7}{50}\div0.63=\dfrac{7}{50}\div\dfrac{63}{100}=\dfrac{7}{50}\times\dfrac{100}{63}$
$=\dfrac{2}{9}$

❸ $0.4\div2\dfrac{2}{3}=\dfrac{4}{10}\times\dfrac{3}{8}=\dfrac{3}{20}$

❹ $0.75\times1\dfrac{7}{9}=\dfrac{75}{100}\times\dfrac{16}{9}=\dfrac{4}{3}$

3 $\dfrac{11}{5}$ km $\left(2\dfrac{1}{5}\text{ km, 2.2km}\right)$

㉜ 分数，小数，整数の混じった計算②　32ページ

1 ❶ $\dfrac{2}{5}$　❷ $\dfrac{25}{4}\left(6\dfrac{1}{4}\right)$　❸ $\dfrac{6}{7}$

❹ $\dfrac{36}{5}\left(7\dfrac{1}{5}\right)$

>>考え方 ❶ $24\div25\times5\div12$
$=\dfrac{24}{1}\times\dfrac{1}{25}\times\dfrac{5}{1}\times\dfrac{1}{12}=\dfrac{2}{5}$

❷ $2.6\times1.25\div1.3\div0.4$
$=\dfrac{26}{10}\times\dfrac{125}{100}\times\dfrac{10}{13}\times\dfrac{10}{4}=\dfrac{25}{4}$

❸ $1-0.5\times\dfrac{2}{7}=1-\dfrac{5}{10}\times\dfrac{2}{7}=1-\dfrac{1}{7}=\dfrac{6}{7}$

❹ $4\times2\dfrac{1}{4}\div1.25=\dfrac{4}{1}\times\dfrac{9}{4}\times\dfrac{100}{125}=\dfrac{36}{5}$

2 $\dfrac{12}{5}$ 分 $\left(2\dfrac{2}{5}\text{ 分, 2.4 分}\right)$

>>考え方 $4.8\times30=\dfrac{48}{10}\times30=144$（秒）

144 秒 $=\dfrac{144}{60}$ 分 $=\dfrac{12}{5}$分

㉝ 分数の倍とかけ算・わり算①　33ページ

1 ❶ $\dfrac{5}{16}$ 倍　❷ $\dfrac{10}{9}$ 倍$\left(1\dfrac{1}{9}\text{ 倍}\right)$

❸ $\dfrac{3}{2}$ ha $\left(1\dfrac{1}{2}\text{ ha}\right)$

❹ $\dfrac{14}{9}$ m $\left(1\dfrac{5}{9}\text{ m}\right)$

2 $\dfrac{7}{4}$ 倍 $\left(1\dfrac{3}{4}\text{ 倍}\right)$

㉞ 分数の倍とかけ算・わり算②　34ページ

1 180 円

2 36 才

3 22m

>>考え方 赤いリボンの長さをもとにすると，青いリボンの長さは $1+\dfrac{2}{9}$（倍）になります。

4 4 人

>>考え方 1 組でめがねをかけている人は学年全体の $\dfrac{1}{2}\times\dfrac{1}{8}=\dfrac{1}{16}$ にあたります。

㉟ 円の面積① 35 ページ

1 ❶ 3.14 cm² ❷ 28.26 cm²
❸ 314 cm² ❹ 50.24 cm²
❺ 2826 cm²

㊱ 円の面積② 36 ページ

1 ❶ 6.28 cm² ❷ 78.5 cm²
❸ 100.48 cm² ❹ 7.065 cm²

2 50.24 cm²

㊲ 円の面積③ 37 ページ

1 ❶ 9.42 cm² ❷ 78.5 cm²
❸ 13.76 cm² ❹ 43 cm²

>> 考え方 ❹右の図形の色のつ
いた部分の面積は,
$10×10−10×10×3.14÷4$
$=21.5 (cm²)$
求める面積は, この 2 倍です。

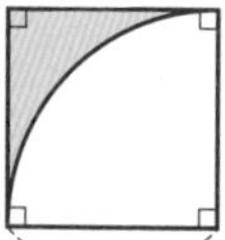

㊳ 角柱や円柱の体積① 38 ページ

1 ❶ 30 cm² ❷ 300 cm³
2 ❶ 30 cm³ ❷ 84 cm³
3 36 cm³

㊴ 角柱や円柱の体積② 39 ページ

1 ❶ 70 cm³ ❷ 75 cm³
❸ 126 cm³

2 $\frac{1}{4}$ 倍

>> 考え方 底面積が等しく, 高さが $\frac{1}{4}$ になっ
ているので, 体積も $\frac{1}{4}$ になります。

㊵ 角柱や円柱の体積③ 40 ページ

1 ❶ 12.56 cm² ❷ 62.8 cm³
2 ❶ 1884 cm³ ❷ 847.8 cm³
3 12.56 cm³

>> 考え方 底面の円の半径は,
$6.28÷3.14÷2=1 (cm)$

㊶ 角柱や円柱の体積④ 41 ページ

1 ❶ 100.48 cm³
❷ 175.84 cm³

2 1099 cm³

3 15 cm

㊷ およその面積と体積 42 ページ

1 ❶ 台形 ❷ 約 147 cm²
2 約 900 cm³
3 約 225 m³

㊸ 比① 43 ページ

1 ❶ 4:7 ❷ 4:11
2 ❶ 3:7 ❷ 9:4 ❸ 3:10
❹ 6:1
3 ❶ $\frac{1}{6}$ ❷ $\frac{4}{3}\left(1\frac{1}{3}\right)$ ❸ $\frac{2}{3}$
❹ 3

㊹ 比② 44 ページ

1 ⑦, ㋓, ㋔, ㋕
2 ㋒, ㋓, ㋕
3 ❶× ❷○ ❸× ❹○

㊺ 比③ 45 ページ

1 ❶ 3:1 ❷ 2:5 ❸ 3:5
2 ❶ 3:4 ❷ 2:3 ❸ 1:7
❹ 15:8 ❺ 3:8

㊻ 比 ④ 46ページ

1 ❶ $x=15$ ❷ $x=12$

❸ $x=5$ ❹ $x=3$

2 ❶ $x=12$ ❷ $x=20$

❸ $x=10$ ❹ $x=6$

»»考え方 ❹ $1\frac{1}{6}:\frac{1}{3}=\frac{7}{6}:\frac{2}{6}=7:2$

3倍

$7:2=21:x$ よって, $x=2\times3=6$

3倍

㊼ 比を使った問題 ① 47ページ

1 72 cm

»»考え方 $3:5=x:120$, $x=72$

2 120円

»»考え方 $6:11=x:220$, $x=120$

3 75点

»»考え方 $6:5=90:x$, $x=75$

4 6560円

»»考え方 $5:4=8200:x$, $x=6560$

㊽ 比を使った問題 ② 48ページ

1 なす畑…160 m^2

きゅうり畑…100 m^2

»»考え方 なす畑…$260\times\frac{8}{13}=160$ (m^2)

きゅうり畑…$260\times\frac{5}{13}=100$ (m^2)

2 550円

»»考え方 $1000\times\frac{11}{20}=550$ (円)

3 15時間

»»考え方 $24\times\frac{5}{8}=15$ (時間)

4 おとな…900円

子ども…600円

»»考え方 (おとなの入館料):(入館料の差)
$=3:(3-2)=3:1$
おとなの入館料を x 円とすると,
$3:1=x:300$, $x=900$ 子どもの入館料は, $900-300=600$ (円)

㊾ 拡大図と縮図 ① 49ページ

1 ❶ 2, 拡大図 ❷ 2, 縮図

2 ❶㋔ ❷㋗ ❸㋒

㊿ 拡大図と縮図 ② 50ページ

1 ❶ 40° ❷ 80° ❸ 1.3 cm

❹ 2.6 cm ❺ $\frac{1}{2}$

❻ 1.5倍 $\left(\frac{3}{2}\text{倍}\right)$

(51) 拡大図と縮図 ③ 51ページ

1 ❶ $\frac{1}{3}$ ❷ 33° ❸ 1 cm

2 3倍の拡大図

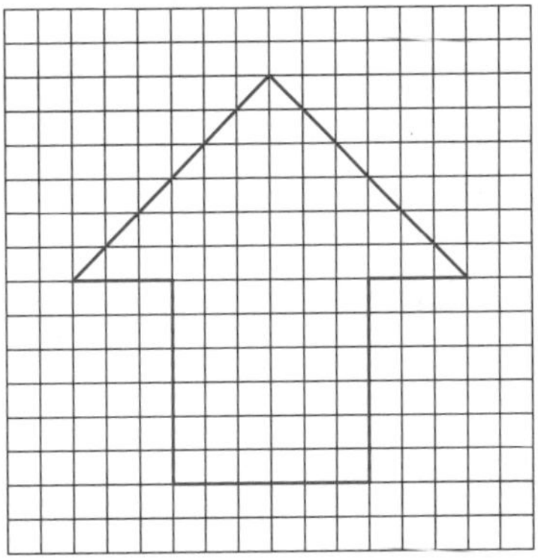

1.5倍の拡大図

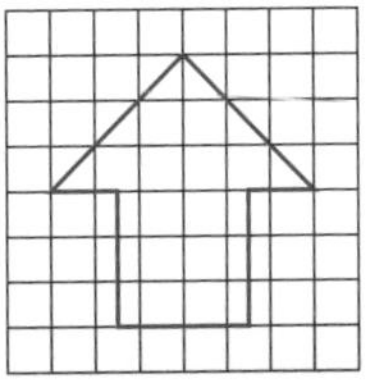

(52) 拡大図と縮図 ④ 52ページ

1

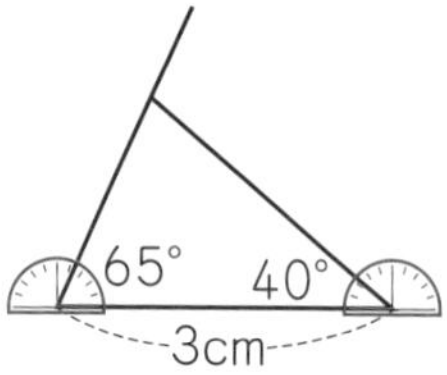
65°
40°
3cm

2

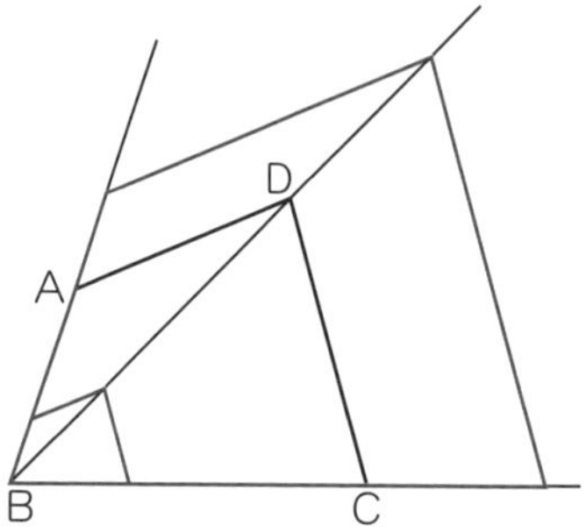
D
A
B
C

(53) 縮図の利用 ① 53ページ

1 ❶ 6 cm ❷ 8 cm

2 ❶ 1 km ❷ 1.5 km

3 ❶ $\frac{1}{50000}$ ❷ 3 km

»考え方 ❷地図上で，家から郵便局までのきょりは 6 cm です。
6×50000=300000(cm)→3 km

(54) 縮図の利用 ② 54ページ

1 ❶ 4.2 cm ❷ 5 cm
❸ 5 m ❹ 6.2 m

»考え方 ❹木の実際の高さ＝アウの実際の高さ＋ 1.2m

(55) 比 例 ① 55ページ

1 ❶㋐ 12 ㋑ 18 ❷ 3, $\frac{1}{2}$
❸比例

2 ㋑, ㋒

(56) 比 例 ② 56ページ

1 ❶ 2 倍, 3 倍 ❷比例 ❸ 1.5

2 ❶㋐ 240 ㋑ 8
❷㋐ 20 ㋑ 20

(57) 比 例 ③ 57ページ

1 ❶(左から) 12, 18, 24, 30, 36
❷ 6 ❸ $y=6\times x$

2 ❶㋐ 5 ㋑ 60 ❷ $y=5\times x$

(58) 比 例 ④ 58ページ

1 ❶ $y=200\times x$
❷㋐ 2000 m(2 km)
㋑ 9000m(9 km) ㋒ 9 分

»考え方 ❷㋒ $y=200\times x$ で，y の値が 1800 のとき，$1800=200\times x$,
$x=1800\div200=9$

2 ❶ 42 ❷ 15

(59) 比例のグラフ ① 59ページ

1 ❶ 150 m ❷ 6 分
❸分速 75 m

2 ❶ $y=1.5\times x$
❷ 鉄の棒の長さと重さ

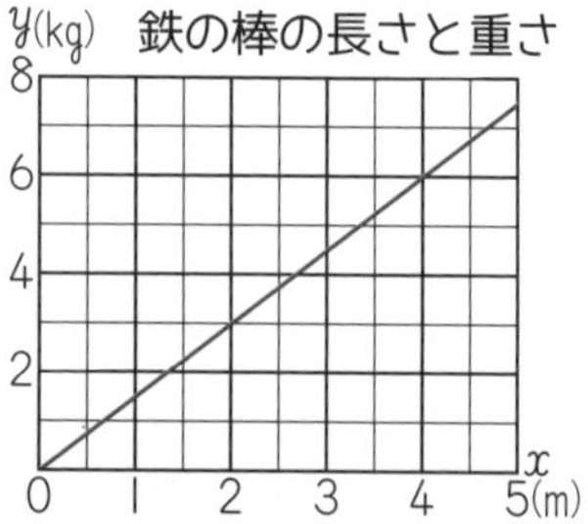
y(kg)
8
6
4
2
0
1
2
3
4
5(m)
x

⑥ 比例のグラフ② 　　60ページ

1 ❶エ　❷イ　❸オ　❹ア

2 ❶ $y=2×x$

❷ 三角形の高さと面積

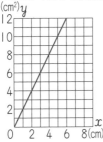

(cm²)y

⑥ 比例の利用① 　　61ページ

1 ❶ 165 km　❷ 25 L

≫考え方 この自動車は
66÷6=11 より, 1 L で 11 km 走ります。
❶ 11×15=165 (km)
❷ 275÷11=25 (L)

2 76 本

≫考え方 くぎ 1 本の重さは, 45÷10=4.5
より, 4.5 g です。342÷4.5=76 (本)

3 9.3 m

≫考え方 120÷80=1.5
6.2×1.5=9.3 (m)

⑥ 比例の利用② 　　62ページ

1 ❶ 6 分　❷ 60 m　❸ 700 m

❹ 7 分　❺ 20 分

≫考え方 ❺ 1200÷60=20 (分)

⑥ 反比例① 　　63ページ

1 ❶○　❷△　❸◎　❹○

❺△　❻◎　❼○

2 ⑦

⑥ 反比例② 　　64ページ

1 ❶⑦ 5　⑦ 6　⑦ 20

$y=60÷x$

❷⑦ 2　⑦ 5　⑦ 3

$y=18÷x$

2 ❶ 4　❷ 2

⑥ 反比例③ 　　65ページ

1 ❶ $y=120÷x$

❷ 2 時間

❸時速 80 km

2 ❶ $y=30÷x$　❷ 3 日

⑥ 反比例のグラフ 　　66ページ

1 ❶ 3　❷ 2

❸ $y=24÷x$

❹

水そうがいっぱいにな
るまでにかかる時間と
1分間に入れる水の量

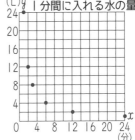

(L)y

❺ 6 L

⑥ 並べ方① 　　67ページ

1 ❶ 2 通り　❷ 2 通り

❸ 2 通り　❹ 6 通り

2 24 通り

答え

≫考え方 Aが1番目に走るとき,

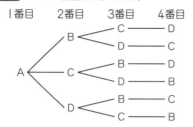

6通りの順番のきめ方があります。
B, C, Dが1番目を走るときもそ
れぞれ6通りずつきめ方があるので,
6×4＝24で, 24通りになります。

3 6通り

---

(68) **並べ方 ②**　　　　　**68 ページ**

1 ❶2通り ❷6通り ❸2通り

2 6通り

3 18通り

≫考え方 ⓪は百の位にならないことに注意
します。

---

(69) **並べ方 ③**　　　　　**69 ページ**

1 ❶3通り ❷3通り ❸6通り

2 4通り

≫考え方 (表, 表), (表, 裏), (裏, 表),
(裏, 裏)の4通りあります。

3 8通り

---

(70) **組み合わせ ①**　　　　　**70 ページ**

1 ❶

AとB	AとC	AとD
BとA	BとC	BとD
CとA	CとB	CとD
DとA	DとB	DとC

❷6通り

---

2 3通り

3 4通り

≫考え方 Ⓐ, Ⓑ, Ⓒ, Ⓓがそれぞれ選ばれ
なかった場合を考えれば良いので, 4通り
です。

---

(71) **組み合わせ ②**　　　　　**71 ページ**

1 6通り

2 ❶2通り ❷3通り

≫考え方 ❷10円＋500円, 100円
＋500円, 500円＋500円の3通りです。

3 ❶5本 ❷10本

≫考え方 ❶1つの頂点から2本の対角線
がひけ, 五角形には頂点が5つあるので,
2×5＝10(本)　10本のうち, 2本ずつ
同じ対角線を数えているので,
10÷2＝5(本)

---

(72) **組み合わせ ③**　　　　　**72 ページ**

1 ❶3通り ❷6通り
　　❸10通り

≫考え方 ❶奇数3つのうちから1つを選
べばよいので, 3通りです。
❷偶数の選び方は2通り。そのおのおの
について, 奇数の選び方は3通りずつあ
るので, 2×3＝6で, 6通りです。
❸❶, ❷のほかに, 奇数だけで3つを選
ぶ選び方があるので, 3＋6＋1＝10で,
10通りになります。

2 ❶10試合 ❷4試合

≫考え方 ❶5チームから2チームを選ぶ
組み合わせです。
❷1試合ごとに1チームが負けて優勝が
できなくなります。優勝チームがきまるま
でに5－1＝4(チーム)が負けるので4試
合必要です。

㊓ 資料の整理①　73ページ

1　❶7点　❷8点

❸ 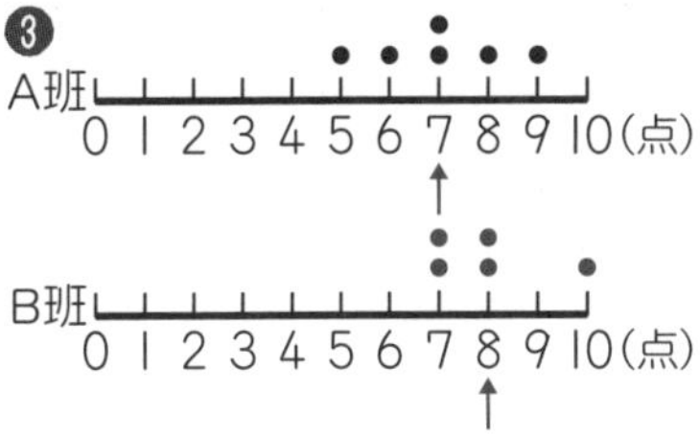
A班

B班

❹A班…4点　B班…3点

❺上の図

㊔ 資料の整理②　74ページ

1　❶20分

❷60分以上80分未満

❸6人

❹40分以上60分未満

❺10%

㊕ 資料の整理③　75ページ

1　❶135cm以上140cm未満

❷15人　❸20%

❹

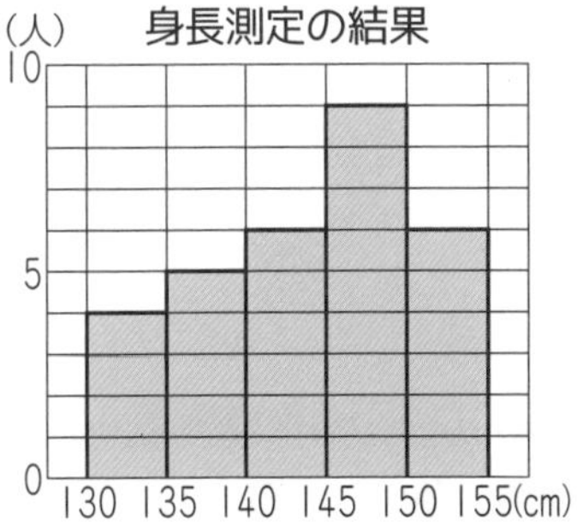

身長測定の結果

❺145cm以上150cm未満

≫考え方　❸12番目の児童が入っている階
級は，140cm以上145cm未満の階級
で6人です。その割合は，6÷30=0.2

㊖ 代表値①　76ページ

1　❶4　5　6　6　6　6　7
7　8　8　9　9　10

❷7冊　❸7冊　❹6冊

≫考え方　❸13人の冊数を少ない順に並べ
かえたとき，ちょうどまん中になる7番
目の人の冊数を答えます。

❹6冊読んだ4人がもっとも多かったの
で，最頻値は6冊です。

2　45.5kg

≫考え方　重さの軽い順に並べると，
40.9　43.2　45.4　45.6　47.7　49.0
資料の値が6つで偶数のとき，中央値は，
まん中にあたる3番目と4番目の資料の
値の平均になります。
(45.4+45.6)÷2=45.5(kg)

㊗ 代表値②　77ページ

1　❶A…4.4点，B…4.4点

❷⑦A　①B

❸A…4.5点，B…4.5点

❹A…5点，B…5点

≫考え方　2つの資料を比べるときに，平
均値，中央値，最頻値が同じでも，全体の
ちらばりぐあいが異なるときがあります。
柱状グラフをかいて，全体のようすをとら
えることが大切です。

㊘ ちらばりを表すグラフ　78ページ

1　❶⑨　❷⑦　❸①　❹⑦
❺①

≫考え方　このグラフは，相関図とよばれる
グラフで，資料のおおまかな傾向を知るこ
とができます。うった点の集まりが，右上
がりや右下がりの直線のまわりに近くなる
ほど傾向が強いといえます。

(79) いろいろなグラフ ① 79 ページ

1 ❶ 3 分 ❷㋑ ❸時速 60 km
❹午前 10 時 6 分でA駅から 2 km のところ
❺午前 10 時 17 分

考え方 ❺ふつう列車は分速 1 km です。午前 10 時 9 分にB駅を発車したふつう列車はC駅までの 8 km を 8 分で走るので，C駅には 10 時 9 分 +8 分 =10 時 17 分にとう着します。

(80) いろいろなグラフ ② 80 ページ

1 ❶㋐ ❷㋐ ❸降水量
❹およそ 350 mm
❺およそ 20 度

(81) いろいろな問題 ① 81 ページ

1 ❶ $\frac{1}{12}$ ❷ 12 日 ❸ 28 日

考え方 ❸Aが 4 日仕事をすると，仕事全体の $\frac{1}{20}\times4=\frac{1}{5}$ が終わります。

残りの $1-\frac{1}{5}=\frac{4}{5}$ をBがすると，

$\frac{4}{5}\div\frac{1}{30}=24$ 24 日かかります。

4+24=28 で，仕上がるまでに 28 日かかります。

2 4 分

考え方 $\frac{1}{12}+\frac{1}{18}+\frac{1}{9}=\frac{1}{4}$

$1\div\frac{1}{4}=4$(分)

(82) いろいろな問題 ② 82 ページ

1 ❶

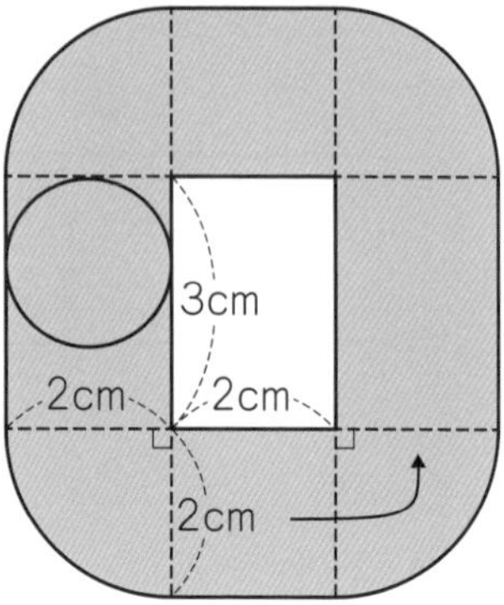

❷ 32.56 cm^2

2 ❶ 120° ❷ 36.56 cm^2

(83) いろいろな問題 ③ 83 ページ

1 ❶㋐ 140 m ㋑ 6 分後
❷㋐ 20 m ㋑ 42 分後

考え方 ❶㋐ 80+60=140(m)
㋑ 2 人が出会うのは，池のまわりの長さと同じだけ 2 人がはなれたときです。
840÷140=6(分)
❷㋐ 80−60=20(m)
㋑ゆうきさんがいつきさんに追いつくのは，2 人のはなれた分と 1 周の長さが同じになったときです。840÷20=42(分)

(84) いろいろな問題 ④ 84 ページ

1 ❶ 36 ❷ 114

考え方 ❷ 8 段目のいちばん左の数は，7 段目のいちばん右の数 49 より 1 大きい 50 で，いちばん右の数は 64 です。

2 ❶ 42 cm ❷ 11 枚